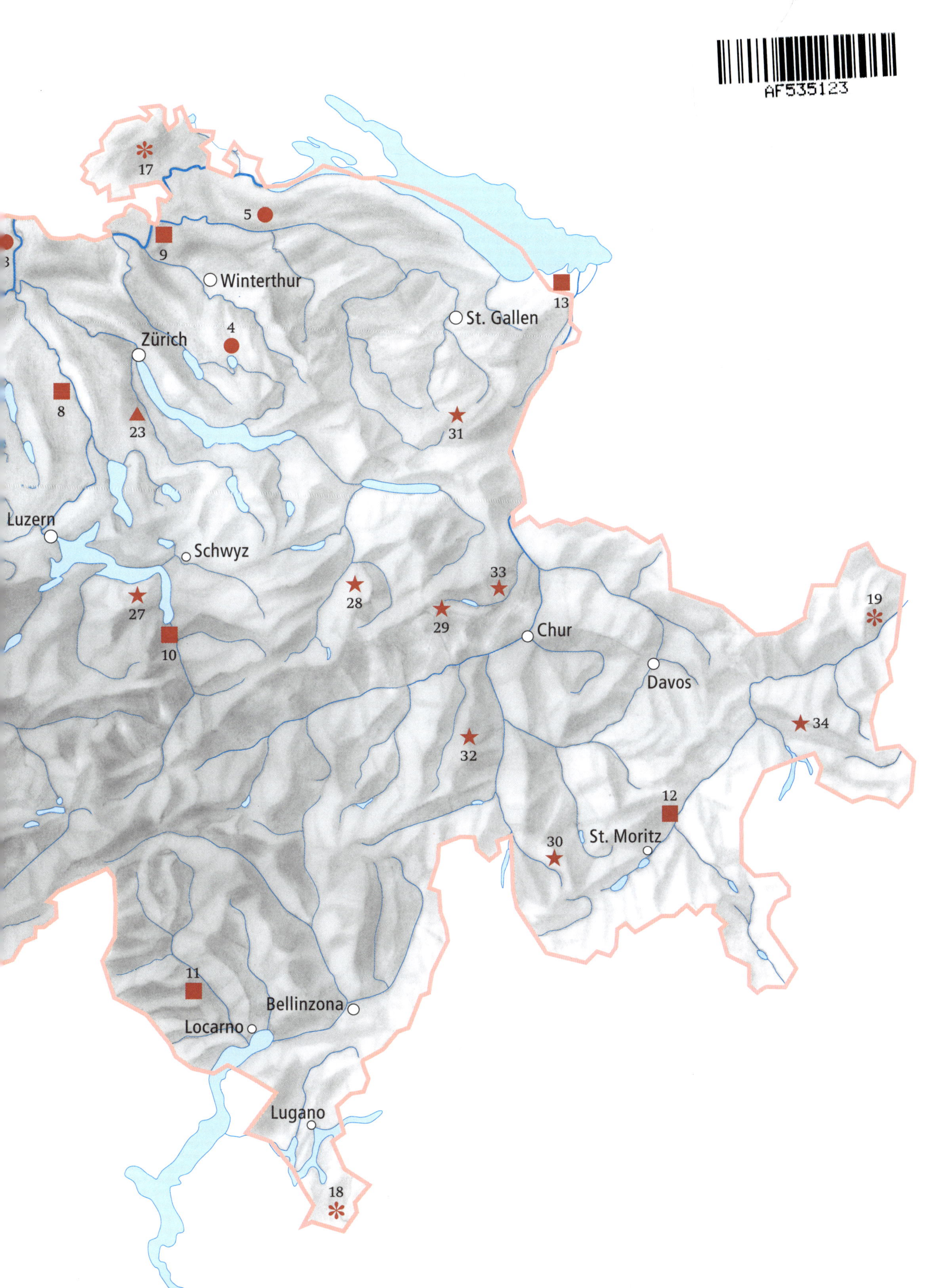
17
5
9
Winterthur
13
St. Gallen
4
Zürich
8
23
31
Luzern
Schwyz
33
28
27
29
Chur
19
10
Davos
34
32
12
30
St. Moritz
11
Bellinzona
Locarno
Lugano
18

WILDTIER WANDERUNGEN IN DER SCHWEIZ

Heinz Staffelbach

WILDTIER WANDERUNGEN IN DER SCHWEIZ

Biodiversität erleben –
die 34 lohnendsten Touren
zu Laubfrosch, Hirsch
und Adler

at VERLAG

INHALT

WIESEN UND KULTURLANDSCHAFTEN

ALTE UND NEUE URWÄLDER

LIVE = Geführte Exkursion

GEBIRGE

BIODIVERSITÄT IM ALLTAG

EIN HAUCH VON WILDNIS

Viele Tier-, Pflanzen- und Pilzarten sind auf Naturräume angewiesen, die sich frei entwickeln dürfen. Sie brauchen Orte, wo der Mensch sich zurückhält und nur zuschaut. Solche Landschaften schenken uns besondere Erlebnisse und Inspirationen. Davon kündet dieses prächtige Buch. Wilde Landschaften bergen zudem viele naturkundliche Geheimnisse. Sie sind also nicht nur Lebens- und Erholungsraum, sondern auch ein Eldorado für die Wissenschaft.

In den Alpen oberhalb der Baumgrenze finden wir heute noch grössere weitgehend naturbelassene Gebiete. Diese letzten Zeugen einstiger grossflächiger Wildnis müssen wir erhalten. Aber auch abseits der Hochalpen gibt es da und dort noch wilde Landstriche. Besonders erfreulich: Tatkräftige Menschen und engagierte Institutionen entlassen vermehrt geeignete Flächen in eine neue Zukunft als Wildnis. So übernimmt in forstlich genutzten Wäldern, an schnurgeraden Flussufern oder in entwässerten Mooren die Natur wieder das Zepter. Dabei zählen keineswegs nur grosse Leuchtturmprojekte. Auch Randflächen von Äckern oder wilde Ecken in Pärken und im Naturgarten sind als «Mikrowildnis» wichtige Naturinseln.

Pro Natura und ihre Sektionen sichern über 700 Naturschutzgebiete in der Schweiz, ein grosser Teil der geschützten Fläche sind Wildnisgebiete. Kein Wunder, schliesslich steht am Anfang der Pro-Natura-Geschichte die Gründung der bekanntesten Wildnis der Schweiz: der Schweizerische Nationalpark. Seither hat Pro Natura zahlreiche Naturwaldreservate geschaffen, Moore regeneriert, Bäche und Flussabschnitte aus Röhren und Betonkorsetten befreit. Einige dieser faszinierenden Lebensräume werden Sie mit den Wandertipps in diesem Buch kennenlernen.

Und das Abenteuer geht weiter: Pro Natura setzt sich für neue Naturerlebnis- und Nationalpärke ein, in deren Kernzonen die Natur ungestört gedeihen kann. Wir entwickeln und verbreiten gemeinsam mit Partner- und Nutzerinnenorganisationen Fairnessregeln für den Naturgenuss. Auf politischer Ebene engagieren wir uns für mehr Biodiversität und Landschaftsschutz. Damit es auch morgen noch Landschaften gibt, in denen wir den mächtigen Hauch der Wildnis spüren können. Tragen auch Sie dazu bei – mit einer Mitgliedschaft bei Pro Natura.

Urs Tester
Mitglied der Geschäftsleitung
www.pronatura.ch

AUF DEN SPUREN VON KIEBITZ UND WIEDEHOPF

Beim Wandern streifen wir durch die Natur und damit durch den Lebensraum von Wildtieren. Zu Gesicht bekommen wir diese aber nur selten, denn viele von ihnen leben versteckt oder ziehen sich zurück, wenn Menschen auftauchen. Doch ab und zu kreuzt unverhofft ein Rothirsch, Birkhahn oder Feuersalamander unseren Weg. Wer solche Glücksmomente nicht dem Zufall überlassen will, erhält im vorliegenden Wanderführer wertvolle Anregungen, wo, wann, wie und mit welcher Ausrüstung Ausflüge zu den Wildtieren idealerweise unternommen werden. Mit den fachkundigen Ratschlägen aus der Feder von Heinz Staffelbach erhöhen sich die Chancen auf unvergessliche Begegnungen beträchtlich.

Diese Chancen steigen aber auch mit der Grösse der Wildtierbestände. Wir dürfen insbesondere dort auf spezielle Beobachtungen hoffen, wo dank guter Lebensbedingungen gesunde Wildtierbestände leben. Vielerorts ist dies heutzutage nicht mehr selbstverständlich. Etliche Arten sind in ihrer Existenz bedroht, weil sie von uns Menschen aus ihren angestammten Lebensräumen verdrängt wurden und werden, gerade durch die intensive landwirtschaftliche Nutzung.

Doch einige Entwicklungen lassen sich glücklicherweise wieder umkehren. Die Schweizerische Vogelwarte Sempach arbeitet Tag für Tag daran, die Lebensbedingungen der Vögel zu verbessern. Wir renaturieren Flächen mit Brachen, Hecken oder Weihern. Wir setzen uns dafür ein, zivilisatorische Gefahren wie den Tod an Freileitungen und Windturbinen oder den Mähtod in Wiesen zu vermindern. Wir fördern bedrohte Arten – etwa den Wiedehopf – mit Nisthilfen und fordern dazu auf, die Belastung der Umwelt durch Überdüngung und Pestizide zu verringern.

Auch als Privatperson kann man zum Wohlergehen der Vögel und anderer Wildtiere beitragen, indem man sich an die Wege und Empfehlungen hält, um die Tiere nicht zu stören. Mit dem vorliegenden Buch erhalten wir alle die Möglichkeit, den Spuren von Kiebitz und Wiedehopf zu folgen und uns gleichzeitig respektvoll in der Natur zu bewegen.

Matthias Kestenholz
Schweizerische Vogelwarte Sempach
www.vogelwarte.ch

◀ Gebänderte Prachtlibelle

▶ Graureiher

SCHREIBEN SIE IHR EIGENES BIODIVERSITÄTS-BUCH

Kürzlich gönnte ich mir wieder einmal einen Tag Auszeit vom Büro und ging an der Glatt bei Bülach wandern. Dieses Flüsschen, nur wenige Kilometer vom Flughafen Zürich entfernt, gehört nun nicht gerade zu den grossen Naturgebieten der Schweiz. Und doch passierte im Nu, was ich mir von solchen Tagen wünsche: Ich tauchte in die Natur ein und liess den Alltag zurück. Ich kam hinter der Kamera in einen Flow und war ganz im Augenblick. Durch das Unterwegssein in einer ursprünglichen Natur tankte ich wieder Energie und Optimismus, auch für unseren Planeten.

Wie war das möglich an der Glatt, die auf der Karte über weite Strecken lasergeplant geradeaus fliesst oder zirkelgenau eine Kurve nimmt? Kaum in Hochfelden aus dem Postauto ausgestiegen, entdeckte ich etwa zweihundert Meter flussaufwärts einen Graureiher auf einem Stein. Im Schutz der Uferhecke schlich ich mich leise an und verbrachte die nächste Viertelstunde damit, den Vogel durch ein Blätterloch zu fotografieren. Ob er mich entdeckt hat? Einem so wachsamen Tier entgeht ja kaum etwas. Einen Kilometer weiter stiess ich auf eine ungemähte Wiese, in der sich Dutzende von Gebänderten Prachtlibellen auf Grashalmen ausruhten oder von Sitzplatz zu Sitzplatz flogen. Hinknien, hinsitzen und wieder eine halbe Stunde lang die Zeit vergessen – wunderbar! Und diese Wiese war nur der Vorposten der ganz grossen Entdeckung des Tages: Auf einer Strecke von etwa einem Kilometer wurde hier die Glatt offensichtlich aufs Prächtigste renaturiert, mit Seitenarmen, Tümpeln, Auenwäldchen und Magerwiesen.

Genau wegen solcher Erlebnisse (in Stadtnähe) möchte ich Ihnen am liebsten raten: Legen Sie dieses Buch beiseite und schreiben Sie Ihr eigenes Biodiversitäts-Buch. Recherchieren Sie im Internet, welche Naturgebiete es in Ihrer Nähe gibt, und gehen Sie für einen Tag hin, mit Kamera, Zeichenblock oder Schreibheft – oder einfach so. Schauen, hören, staunen und geniessen Sie. Und: Erzählen Sie Ihren Freundinnen und Kollegen, was Sie entdeckt haben. Vielleicht motiviert es Sie auch, sich für mehr Biodiversität einzusetzen? In unserer dicht besiedelten Schweiz, in der pro Sekunde ein Quadratmeter Land zugebaut wird und in der unzählige Arten hochgradig gefährdet sind, zählt jedes auch noch so kleine Engagement.

Sollten Sie in Ihrer Umgebung gerade nichts für Ihre Mini-Expedition finden und Lust haben, die Gebiete in diesem Buch zu besuchen, dann ist das natürlich auch wunderbar.
Für beides wünsche ich Ihnen beglückende und erzählenswerte Erlebnisse.

BIODIVERSITÄT, WIE GEHT ES DIR?

Biodiversität bezeichnet die Fülle oder die Vielfalt des Lebens. Meist wird sie mit dem Begriff Artenvielfalt gleichgesetzt, sie geht aber weiter und umfasst diese drei Aspekte:

- die Artenvielfalt, also die Anzahl unterschiedlicher Tier- und Pflanzenarten,
- die genetische Vielfalt, also die Zahl der Varianten oder Rassen innerhalb einer Art, und schliesslich
- die Biotop-Vielfalt, also die Zahl unterschiedlicher Lebensräume, bei uns beispielsweise Wälder, Wiesen, Moore, Auen, Hecken oder Tümpel.

Das Schweizer Mittelland hat in weiten Gebieten eine sehr geringe Biodiversität, auch wenn im Frühling alles grün und lebendig aussieht – es fehlt die Vielfalt an Lebensräumen (Hecken, Feuchtgebiete, Magerwiesen), und damit fehlt auch die Artenvielfalt. Stattdessen gibt es nur noch intensiv genutztes Grasland und Felder, bei denen nicht einmal am Randstreifen eine bunte Blumenvielfalt aufkommen kann.

Wie hängen Biodiversität und Klimawandel zusammen?

Biodiversität und die globale Erwärmung sind die beiden ganz grossen ökologischen Herausforderungen, vor denen die Menschheit heute steht. Sie sind untrennbar miteinander verbunden – die Klimaerwärmung kann Lebensräume und Arten zerstören, etwa, wenn Regenwälder brennen, die Wüste sich ausdehnt oder der Eisbär seine Jagdgründe auf dem Meer wegen schmelzenden Eises verliert. Umgekehrt kann Biodiversität die Folgen der Klimaerwärmung lindern, zum Beispiel indem Städte wieder grüner werden, Wälder mit vielen Arten sich besser an höhere Temperaturen anpassen können oder Bäume im Agrarland die Temperaturen senken und die Folgen von Trockenperioden lindern.

Warum ist Biodiversität schützenswert?

Geht es um die Frage, wie viel denn Biodiversität wert ist, wird oft der Nutzen für uns Menschen ins Zentrum gerückt. Was nützt uns Artenvielfalt? Was bringt uns genetische Vielfalt? Wie zahlt sich eine vielfältige Landschaft aus? Das ist nicht grundsätzlich falsch. Denn Biodiversität hat tatsächlich einen unschätzbar hohen Wert für uns Menschen:

- Biodiversität sichert die Bodenbildung und die Fruchtbarkeit des Bodens.
- Sie ermöglicht, dass viele unserer Kulturpflanzen bestäubt werden, etwa durch Honig- und Wildbienen, und wir so überhaupt zu Nahrungsmitteln kommen.
- Sie sorgt für sauberes Trinkwasser sowie Brenn- und Bauholz.
- Sie schützt vor Hochwasser und Schädlingen und lindert die Folgen der Klimaerwärmung.
- Sie ermöglicht uns erholsame Ausflüge – in abwechslungsreiche Wälder, Berge und Kulturlandschaften.

Biodiversität zu schützen, weil sie uns nützt, ist natürlich richtig. Man kann aber Biodiversität auch aus Gründen schützen, die weit über

Am Pfäffikersee

dieses Nutzen-Denken hinausgehen. Biodiversität ist die Fülle des Lebens auf unserem Planeten. Und auf diesem fragilen Planeten sind wir Menschen zwar (in mancher Hinsicht) die erfolgreichste und einflussreichste Art, aber wir teilen diesen Lebensraum mit Hunderttausenden von anderen Arten. Und in vielen Aspekten sind wir Menschen bei Weitem nicht die Krone der Schöpfung: Andere Tiere können beispielsweise fliegen, haben ein viel grösseres Gehirn, lösen Konflikte besser, können viel geschickter navigieren oder haben besser organisierte Staaten. Letztlich sind aber nicht Superlative für den Wert anderer Arten entscheidend, sondern einfach die Tatsache, dass diese mit uns zusammen diesen Planeten bewohnen – und genauso wie wir ein Recht haben, hier zu leben. Und das Schönste wäre, wenn wir Menschen andere Arten nicht nur aus Pflichtgefühl schützen, sondern aus Freude an der Vielfalt des Lebens auf der Erde, aus einem Gefühl der Verantwortung heraus und aus Respekt.

Wie steht es um die Biodiversität in der Schweiz?

Die Schweiz sieht sich gern als Musterland, und auch Touristen nehmen die Schweiz oft als intaktes, gepflegtes und sauberes Natur-Land wahr. Doch die Fakten zeigen leider ein anderes Bild: In Europa steht die Schweiz am Schluss von beinahe vierzig Ländern, wenn es um den Anteil geschützter Gebiete an der Gesamtfläche des Landes geht. An der Spitze stehen Luxemburg und Slowenien mit über 50 Prozent geschützter Fläche; die Schweiz kommt gerade mal auf 6 bis 8 Prozent (je nachdem, welche Gebiete dazugerechnet werden).

Es gibt auch offizielle Zahlen aus unserem eigenen Land, und hier sieht es nicht besser aus: Gemäss einem Bericht des Bundesrates nehmen natürliche Lebensräume in der Schweiz kontinuierlich ab und ihre Qualität sinkt ebenfalls. Die Verluste sind zum Teil dramatisch.

Die Artenvielfalt leidet unter Pestiziden.

Wie viele dieser Lebensräume noch nicht gefährdet sind:

Lebensraum	Nicht gefährdeter Anteil (in %)
Gesteinsfluren und Felsen	67 %
Krautsäume und Gebüsche	64 %
Gewässer	51 %
Wälder	44 %
Begleitvegetation der Kulturen	38 %
Grünland	37 %
Ruderale Pioniervegetation	20 %
Ufer und Feuchtgebiete	0 %

(Datenquelle: BAFU, Liste der National Prioritären Arten und Lebensräume, 2019)

Besonders gefährdet sind Trockenwiesen und -weiden. 95 Prozent dieser Wiesen, die mit ihren Blumen, Käfern und Schmetterlingen sehr artenreich sind, sind verloren gegangen, 30 Prozent allein in der Zeit zwischen 1990 und 2010. Obwohl der Rest unter nationalem Schutz steht, nimmt die Qualität vieler dieser Gebiete ab. Aber auch lichte Wälder, Auen und Moore sind grossflächig verschwunden und ihre Fläche sollte dringend grösser sein, um die Biodiversität erhalten zu können. Denn je grösser das Gebiet ist, desto mehr Arten kommen generell vor. In 50 Hektar grossen Feuchtgebieten wurden in einer Studie durchschnittlich etwa 17 Vogelarten gefunden, in 500 Hektar grossen waren es fast doppelt so viele (aus: Martin Weggler, Orniplan 2005).

Wie viel grösser diese Lebensräume sein sollten:

Das ganze Quadrat steht für 100 Prozent der ursprünglichen Fläche dieses Lebensraumes.

- Das mittlere Quadrat zeigt, wie gross diese Fläche sein sollte, um die Biodiversität erhalten zu können.
- Das kleine Quadrat zeigt, wie viel Prozent dieser Fläche wir heute noch haben.

In der Schweiz sind fast 46 000 Tier-, Pflanzen-, Pilz- und Flechtenarten bekannt, Fachleute schätzen aber, dass es noch etwa 20 000 weitere Arten gibt. Und auch hier zeigt sich ein trauriges Bild: Gemäss den Zahlen von 2017 sind 35 Prozent der 10 702 untersuchten Arten gefährdet, weitere 11 Prozent sind potenziell gefährdet.

Welcher Anteil dieser Arten noch nicht gefährdet ist:

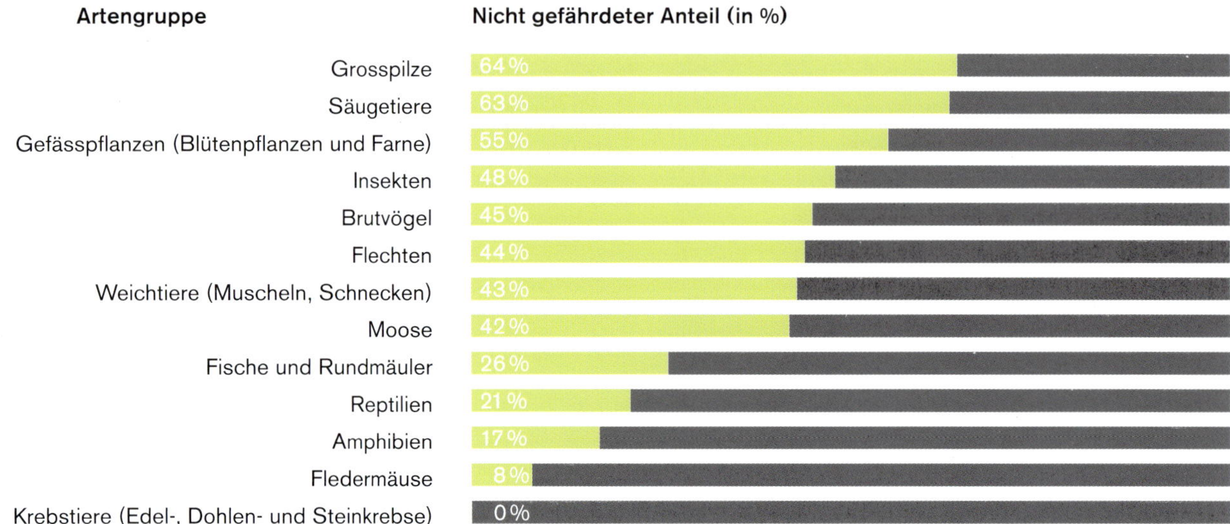

Warum sieht es so düster aus?

Die Gründe, warum es um die Biodiversität in der Schweiz so schlecht bestellt ist, sind bekannt: zu intensive Landwirtschaft, zu wenig alte Bäume in den Wäldern, Überbauung, Überdüngung usw. Und für die Naturfreundin, die mit offenen Augen durch die Landschaft wandert, sind diese Gründe nur allzu gut sichtbar:

- Grosse Flächen von Äckern und Weiden sind ausgeräumt, ohne eine Hecke und ohne einen Baum. Wo soll da der Hase noch Unterschlupf finden?
- Standen da früher nicht Obstbäume – wo jetzt Häuser oder eine riesige neue Gewerbehalle stehen? Kein Platz mehr für den Specht, um zu brüten, kein Platz mehr für den Wiedehopf, um Futter zu finden.
- Merkwürdig gelb und orange gefärbte Felder, Sprühregen in den Kulturen: Pestizide. Die Chemiekeule bringt nicht nur Insekten und Kleintiere um, sie kann auch das Grundwasser vergiften. Keine Nahrung mehr für Vögel.
- Schweizer Fleisch ist meist nicht Schweizer Fleisch. Die Schweiz importiert jedes Jahr fast eine halbe Million Tonnen Kraftfutter. Das wird in Südamerika mit Roden von Urwald bezahlt. Zudem landet all die Jauche schliesslich auf Wiesen und über die Luft in Mooren und Wäldern, und diese Überdüngung erstickt hier die Artenvielfalt.
- Wann haben Sie zum letzten Mal einen richtig alten Wald in Ihrer Umgebung gesehen? Mit uralten, dicken Bäumen und mächtigen Stämmen am Boden, die langsam verrotten? Die Schweizer Wälder werden an den meisten Orten stark genutzt – dadurch sind sie zu jung und der Anteil an Alt- und Totholz ist viel zu klein. Auf dieses Alt- und Totholz sind aber zahlreiche Vögel, Kleintiere und Myriaden von Insekten angewiesen.
- Die Schweiz gibt schätzungsweise jedes Jahr 40 Milliarden Franken für Subventionen aus, die die Biodiversität schädigen. Die intensive Landwirtschaft wird subventioniert, der Strassenbau wird gefördert und Stromproduzenten erhalten Geld für das Anzapfen von Bergbächen. Auf der anderen Seite wird die Biodiversität gerade mal mit einer halben Milliarde Franken gefördert. Kein Wunder, geht es mit ihr bergab.

▲ Im Hochmoor Rothenturm

◄ Einsatz für gefährdete Amphibien

Was wird getan?

Es gibt noch immer viele Politiker, die die Ansicht vertreten, die Schweiz stehe im Naturschutz gut da und man müsse ja nichts tun. Glücklicherweise gibt es aber auch immer mehr Politikerinnen, die sehen, dass dies ein Märchen ist, das aus einem verklärten und falschen Schweiz-Bild stammt – und die sehen, dass wir ohne Verzug und entschieden handeln müssen. Leider geht es aber unter dem Strich doch sehr, sehr langsam vorwärts.

Eigentlich haben wir Gesetze, die den Erhalt der Biodiversität garantieren. Schon die Bundesverfassung schreibt vor, dass der Verlust von Arten verhindert werden muss. Mit dem Natur- und Heimatschutzgesetz sollten schutzwürdige Flächen bewahrt und vernetzt werden. Und obwohl an vielen Stellen tatkräftige Menschen ihr Bestes tun: Für die Sicherung und Förderung der Biodiversität bräuchte es mehr Geld, damit der gesetzliche Auftrag auch ausgeführt werden könnte. BirdLife Schweiz schätzt diesen Faktor auf rund 10.

Obwohl der Bundesrat 2012 die *Strategie Biodiversität Schweiz (SBS)* fertigstellte, passierte danach nicht viel. Die Massnahmen des Aktionsplans waren nicht nur ungenügend, sie wurden auch nur schleppend umgesetzt. Die Ziele, die man sich für 2020 gesetzt hatte, wurden weit verfehlt. Statt richtig vorwärtszumachen – etwa mit dem Aufbau der wichtigen *Ökologischen Infrastruktur* (ein Netzwerk von Flächen, die für die Biodiversität wichtig sind) –, wurde dann aber das Ziel einfach um 20 Jahre verschoben.

Es fehlt offenbar einfach der Wille, die gesetzten Ziele überhaupt zu erreichen. Besonders augenfällig ist das beim Schutz der fast 7000 Biotope von nationaler Bedeutung: Bis 2020 hätten alle geschützt sein müssen, geschafft hat man das 2019 gerade mal bei 21 Prozent. Gemäss der Studie *The Global Biodiversity Outlook* von 2020 ist unser Land bei weniger als einem Viertel der Ziele auf Kurs, zu denen es sich im weltweiten Biodiversitätsabkommen verpflichtet hat.

Es ist aber nicht alles nur schwarz. Überall in der Schweiz versuchen engagierte Menschen und auch Amtsstellen, Biotope zu erhalten und neue zu schaffen. Und einige der schönsten Beispiele finden Sie in diesem Buch. Und: Im September 2020 haben BirdLife Schweiz, Pro Natura, die Stiftung für Landschaftsschutz und der Schweizer Heimatschutz die Biodiversitäts- und die Landschaftsinitiative eingereicht, um endlich das zu erreichen, was die Politik längst selbst hätte tun müssen. Drücken wir die Daumen, dass beide durchkommen – für den Laubfrosch, für den Wendehals und für das Hermelin.

Was können Sie tun?

Alle Aufgaben der Politik und Verwaltung zuzuschieben, ist nicht die Lösung – die Umwelt und das Klima brauchen uns alle. Denn jede und jeder kann auch selbst zur Förderung und Erhaltung der Biodiversität beitragen. Hier ein paar Ideen:

- Auf Seite 242 ff. finden Sie Ideen, wir Sie Ihren Garten biodiversitätsfreundlicher gestalten können.
- Auf Seite 248 ff. finden Sie Inspirationen und Tipps für einen biodiversitätsschonenden Konsum und Lebensstil.
- Machen Sie mit bei Organisationen wie Pro Natura, WWF, BirdLife oder bei Ihrem lokalen Naturschutzverein. Hier gibt es spannende Exkursionen (siehe die Beispiele auf den Seiten 104, 118 und 230) oder Arbeitseinsätze wie Entbuschen oder Moor-Pflege – und zu alledem die Gelegenheit für Networking unter «naturfreundlichen» Menschen.
- Falls Sie einen Teil Ihres Vermögens anlegen können: Tun Sie es klima- und biodiversitätsfreundlich. Studien haben gezeigt, dass der Finanzplatz Schweiz mehr als 20-mal so viel Treibhausgase verursacht wie alle Autos, Fabriken und Heizungen im Land zusammen.
- Allgemein: Klimaschutz ist auch Biodiversitätsschutz. Jeder nicht gefahrene Autokilometer, jede nicht geflogene Flugmeile, jedes nicht gekaufte Produkt entlastet das Klima – und hilft so überall auf der Welt, reiche, bunte und lebendige Ökosysteme zu erhalten.

TIPPS ZUM BEOBACHTEN VON WILDTIEREN

Wer Wildtiere in unserer Natur sehen möchte, kann auf unterschiedliche Arten vorgehen.

Natur-Wanderung Bei dieser Strategie wählt man eine Wanderroute, auf die man Lust hat, und hält dann einfach die Augen offen für Entdeckungen aller Art und in all den Lebensräumen, durch die der Weg führt. Das ist die klassische Wanderung des Naturfreundes. Natürlich hilft es hier, eine Route zu wählen, auf der man auf Erfolg versprechende Biotope stösst, also etwa Moore oder Feuchtgebiete, Hochstamm-Obstgärten, Auenlandschaften oder alte Wälder, wie man sie in Waldreservaten findet. Und auch hie und da eine Beobachtungspause zu machen. Das lässt sich alles gut mit Online-Karten im Voraus recherchieren.

Biotop-Spaziergang Bei dieser zweiten Strategie wählt man einen vielversprechenden Lebensraum und verbringt hier einen halben oder gleich einen ganzen Tag. Ein Beispiel wäre, den Klingnauer Stausee aufzusuchen, langsam seinem Ufer entlangzuspazieren und immer wieder (mit dem Fernglas) nach Vögeln Ausschau zu halten. Man sammelt also weniger Kilometer, dafür (im besten Fall) umso mehr Arten. Auf www.map.geo.admin.ch kann man im Voraus verschiedene Themen-Layer abfragen, also etwa Wasser- und Zugvogelreservate, Moore, Waldreservate, Trockenwiesen oder Pro-Natura-Schutzgebiete.

Experten-Exkursion Hier schliesst man sich einer geführten Wanderung oder Exkursion an. Dies ist eine besonders ergiebige Art, Tiere zu sehen und neue Arten kennenzulernen, da man von der Erfahrung und vom Wissen der Leiterin profitieren kann. Die wichtigsten Anbieter solcher Exkursionen sind:

- Pro Natura: Auf **www.pronatura.ch** findet sich unter «Veranstaltungen» ein grosses Programm von Exkursionen und Wanderungen zu unterschiedlichsten Themen, von Orchideen über Reptilien, Biber und uralte Wälder bis zu Bergvögeln. Auch kürzere oder längere Arbeitseinsätze sind hier aufgelistet.
- WWF: Auch auf **www.wwf.ch** gibt es unter «Events» ein grosses Angebot an Ausflügen, Kursen und Natureinsätzen. Das Spektrum ist ebenfalls gross und reicht vom Dachs und Uhu über Fledermäuse und Kiebitze bis zu Glühwürmchen und Wildbienen.
- BirdLife Schweiz: Auf **www.birdlife.ch** sind ebenfalls einige Exkursionen und Events aufgeführt, hauptsächlich im Bereich Vogelkunde und -schutz. Wichtig: Die meisten Angebote stammen nicht von BirdLife selbst, sondern von den mehr als 400 lokalen Naturschutzvereinen oder Kantonalverbänden; die Links zu diesen sind auch auf www.birdlife.ch ersichtlich.
- Wer sich speziell für Amphibien oder Reptilien interessiert, sollte die Webseite **www.karch.ch** der Koordinationsstelle für Amphibien- und Reptilienschutz in der Schweiz besuchen. Hier gibt es viele Infos und auch Hinweise auf Veranstaltungen.

Für die Vorfreude und um auf der Wanderung nicht im Dunkeln zu tappen, empfiehlt sich auch ein gutes Bestimmungsbuch für die Tiere (oder Pflanzen), die einem besonders am Herzen liegen. Für jede Artengruppe gibt es informative und schöne Bücher, für einige auch Bestimmungs-Apps.

Tipps für einen erfolgreichen Safari-Tag

Ist man auf eigene Faust unterwegs, ist es sehr hilfreich, sich nicht auf sein Glück zu verlassen, sondern informiert zu sein, wo und wann man die besten Chancen hat, bestimmte Tiere zu sehen. Murmeltiere und Steinböcke wird man kaum in der heissen Mittagszeit entdecken, Ringelnattern leben an ganz anderen Orten als Kreuzottern, und den Uhu sucht man in den meisten Mittelland-Wäldern vergeblich. Darum hier die wichtigsten Tipps zur Vorbereitung:

Insekten Käfer, Libellen, Bienen und Schmetterlinge – die meisten der beinahe unendlich vielen Arten kommen in ganz bestimmten Lebensräumen vor, sodass es nicht möglich ist, generelle Tipps zu geben. Trotzdem:

- Besonders artenreich sind Feuchtgebiete, Moore, Magerwiesen und Brachen, alte Wälder und natürlich gewachsene Waldränder sowie naturnahe, vielfältige Gärten.
- Viele Insekten und Schmetterlinge lassen sich am besten entdecken, wenn es trocken, sonnig und windstill ist.

Amphibien Die Mehrheit der Amphibienarten kann man am einfachsten an ihren Laichgewässern beobachten; besonders wichtig ist es dabei, die Jahreszeiten der Wanderungen für die einzelnen Arten zu kennen.

▲ Junge Forscherin auf einer Insekten-Exkursion

- Bereits ab Ende Februar ziehen im Tiefland die ersten Amphibien zu ihren Laichgewässern; die Grasfrösche, Springfrösche, Erdkröten und gewisse Molche sind in regnerischen Nächten mit Temperaturen über 5 °C am wanderfreudigsten.
- Gegen Ende April und im Mai treffen auch die spät laichenden Arten an ihren Laichgewässern ein. An lauen Frühlingsabenden hört man die Laubfrösche, die Grünfrösche und die Kreuzkröten schon von Weitem.
- Feuersalamander entdeckt man oft in regnerischen Nächten auf Forstwegen und wenig befahrenen Strassen, Alpensalamander am ehesten nach regnerischen Nächten auf Wanderwegen oder Alpstrassen im Mai und Juni.

Reptilien Im übernutzten Mittelland finden Reptilien fast keine Lebensräume mehr; besser sind die Chancen im Jura, in den Alpen und vor allem im Wallis, im Tessin und in den Bündner Südtälern.

- Wer sich vor einer Wanderung informiert, welche Arten im Gebiet überhaupt vorkommen (auf www.karch.ch) und wie ihre Lebensräume aussehen, hat die besten Chancen.
- Erfolg versprechende Orte sind Böschungen und Stützmauern von Wegen, Holz- und Steinhaufen, Ruinen und Trockenmauern, Altgrassäume, Hecken und strukturreiche Waldränder.
- Im Gebiet bewegt man sich ruhig und langsam. Erhascht man einen Blick auf ein flüchtendes Tier, setzt man sich am besten hin und wartet einige Minuten, denn oft kehrt das Tier bald wieder zurück. Oft sind die Tiere entlang von Wegen oder Strassen weniger scheu, da sie sich die Störungen gewöhnt sind.
- Die Behauptung, Reptilien seien am ehesten an heissen Tagen zu sehen, stimmt nicht. Besonders im Frühjahr nutzen die Tiere schon Tage mit wenigen Graden, um Sonnenwärme zu tanken. An heissen Sommertagen sind Schlangen meist nur frühmorgens ausserhalb ihrer Verstecke anzutreffen; bewölkte und sogar regnerische Tage sind dann viel Erfolg versprechender. Generell ungünstig sind windige Tage.

◀ Am Bodensee
▶ Erdkröte

Vögel Die Tipps zum Beobachten von Vögeln könnten ein eigenes Buch füllen. Jede Art hat ihre bevorzugten Lebensräume und Aktivitätszeiten; Zugvögel sind nur in gewissen Jahreszeiten bei uns. Viele Tipps, auch Verbreitungskarten, gibt es auf www.birdlife.ch und www.vogelwarte.ch. Darum hier nur das Allerwichtigste:

- Singvögel entdeckt man am einfachsten zur Brutzeit frühmorgens oder abends. Greifvögel sind am ehesten mittags oder nachmittags auszumachen. Eulen sind in der Dämmerung oder in der Nacht aktiv. Wasservögel lassen sich meist den ganzen Tag über beobachten.
- Bewegen Sie sich im Gebiet langsam und bleiben Sie hie und da für längere Zeit stehen, damit die Störung durch Sie wieder abebben kann. Benutzen Sie nicht nur die Augen (und ein Fernglas), sondern auch das Gehör.

Säugetiere Auch hier gilt: Jede Art hat ihre Lebensräume sowie Zeiten im Jahr und am Tag bzw. in der Nacht, in denen sie aktiv ist. Informieren Sie sich vor einer Wanderung über die Tiere, die im Gebiet vorkommen, oder die Verbreitung der Arten, die Sie interessieren. Verbreitungskarten gibt es beim Schweizerischen Zentrum für die Kartografie der Fauna (SZKF) auf www.cscf.ch.

Verhaltensregeln

Auch wenn Sie noch näher gehen möchten oder ein noch grösseres Bild des Vogels möchten, halten Sie sich bitte immer an die Grundregeln der verantwortungsvollen Tierbeobachtung.

- Am wichtigsten: Der Schutz des Lebensraums und der Tiere hat Priorität. Auch wenn Sie näher gehen möchten: Im Moor herumtrampeln, die Magerwiese niedertreten oder im Feuchtgebiet herumstapfen sind klare No-Gos.
- Respektieren Sie die Regeln und Wegegebote in Schutzgebieten und Wildruhezonen.
- Besonders Vögel am Nest sind oft sehr störungsempfindlich – schon wenige Störungen können zur Aufgabe des Nests führen. Nähern Sie sich deshalb nie Nestern. Und wenn Sie entsprechende Fotos sehen, ist die Wahrscheinlichkeit gross, dass sich da jemand nicht an die Regeln gehalten hat.
- Im Winter sind viele Tiere auf ihre Reserven angewiesen; das gilt für Vögel, aber auch für viele Säugetiere wie Hirsche, Gämsen oder Steinböcke. Verhalten Sie sich so, dass Sie keine Tiere aufscheuchen, da sie durch die Flucht lebenswichtige Energien verlieren. Tipps für Wintersportler finden sich auf www.respektiere-deine-grenzen.ch.
- Nehmen Sie auch beim Baden und Boot- und Kanufahren Rücksicht auf Tiere; halten Sie Abstand zu Schilf, Kies- und Sandbänken und Vogelansammlungen. Infos dazu gibt es auf www.natur-freizeit.ch.

Am Hüttwilersee

TEICHE, WEIHER UND SEEN

LA SAUGE VD

① DIE NUMMER 1 FÜR VOGELFREUNDE

▲ Sumpfrohrsänger
▶ Stelzenläufer
▼ Beobachtungsturm im Reservat Fanel

Unter «Birdern» gelten die weiten Schilfflächen am nordöstlichen Ende des Neuenburgersees als das vielleicht beste Beobachtungsgebiet der Schweiz. Mit dem BirdLife-Naturzentrum und mehreren Beobachtungstürmen eignet sich das Gebiet aber auch bestens für Einsteigerinnen.

An manchen Tagen kommt es in den «Hides», den Beobachtungshütten im Naturzentrum von BirdLife, zu merkwürdigen Szenen. Eine ganze Reihe von Fotografen hat ihre langen schwarzen Rohre vor dem Schlitz in der Holzwand aufgereiht. Niemand regt sich, es ist mucksmäuschenstill, nur ein laues Lüftchen raschelt in den Büschen. Nicht einmal der leiseste Atemzug ist zu vernehmen. Dann – wie aus dem Nichts – surrt ein halbes Dutzend Kameras los, Serienbild, Highspeed. Zwei Sekunden und viele Hundert Bilder später löst sich die Spannung. Was war da los? Der Eisvogel! Von einem Ast, der über den Teich ragt, stürzte sich der schillernd-blaue Vogel kopfvoran ins Wasser, um einen kurzen Augenblick später wie eine Rakete wieder aus dem Wasser zu schiessen, diesmal mit einem kleinen Fisch im Schnabel. Freude bei den Fotografen – und schon bald senkt sich wieder die konzentrierte Stille über die Hütte – alle sind bereit für den nächsten Tauchgang des kleinen Jägers …

Eine solche Gelegenheit ist einer der Höhepunkte beim Besuch des Naturzentrums – und ergibt sich nicht zufällig. Denn auf dem sieben Hektar gros-

Highlights Teil des mit fast 30 Quadratkilometern grössten Feuchtgebiets der Schweiz und einer der bedeutendsten Lebensräume für Vögel

Schutzstatus Kantonal und auf Bundesebene geschützt, erstes Ramsar-Schutzgebiet der Schweiz (Feuchtgebiete von internationaler Bedeutung, insbesondere als Lebensraum für Wasser- und Watvögel)

Jahreszeit Ganzes Jahr, aber am besten während der Brutzeit April bis Juli und während des Vogelzugs März bis Juni und August bis Oktober

▲ Im Reservat Fanel

▶ Eisvogel-Männchen

sen Gelände wurden mehrere Teiche angelegt, die durch ein Netz von Pfaden verbunden sind. Beim kleinen Teich wurde eine Brutwand für Eisvögel gebaut. Denn steile und weiche Uferböschungen, in denen der Vogel seine Brutröhren graben kann, und natürliche, beutereiche Gewässer sind heute eine Seltenheit in der Schweiz. Doch mit etwas Anschubhilfe nimmt der Vogel die für ihn geschaffenen Lebensräume schnell an.

Ausserhalb des Naturzentrums warten zwei grosse, separate Gebiete auf die Vogelbeobachterinnen. Nördlich des Broye-Kanals liegt das Reservat Fanel mit einem etwa einen Quadratkilometer grossen Gebiet aus Schilf, Riedwiesen und Wasserflächen. Am Ende des ungefähr zwei Kilometer langen Weges dem Broye-Kanal entlang erreicht man einen grossen Beobachtungsturm. Die Schilf- und Riedflächen des Reservats Cudrefin auf der Südseite des Kanals sind sogar noch etwas grösser. Auch hier führt ein Pfad dem Kanal entlang weit in den See hinaus und auf etwa halber Strecke gibt es hier ebenfalls eine Beobachtungsplattform.

Was kann man hier erwarten? Nicht weniger als 340 Arten wurden hier schon gesichtet. Wie viel das ist, zeigt ein Blick in das Bestimmungsbuch «Vogelarten der Schweiz». Das Buch verzichtet nur auf «einige sehr seltene und unregelmässige Arten» und kommt damit auf 248 Arten. Kurz: Wer (fast) alle Vogelarten der Schweiz sehen möchte, kann sich getrost mit einem bequemen Stuhl hier einrichten.

Natur-Tipp
Das Gebiet um La Sauge ist lediglich ein Teil der Grande Cariçaie, die sich südwärts bis nach Yverdon-les-Bains erstreckt. Auf www.grande-caricaie.ch steht eine Karte mit allen Schutzgebieten bereit. In Cheseaux-Noréaz, am östlichen Stadtrand von Yverdon-les-Bains, gibt es ein zweites Naturzentrum, das von Pro Natura betrieben wird, mit Ausstellung, Lehrpfaden und Beobachtungshütten. Infos auf www.pronatura-champ-pittet.ch.

Das sind die Highlights im Gebiet:

- 340 Vogelarten wurden schon nachgewiesen, davon fast 220 regelmässig.
- Etwa 100 Vogelarten brüten hier.
- Hier liegen die grössten Brutkolonien von Wasservögeln in der Schweiz, darunter Mittelmeermöwen, Lachmöwen und Flussseeschwalben.
- Tausende von Enten leben im Gebiet, unter ihnen Seltenheiten wie Zwergsäger und Moorenten.
- Zahlreiche bedrohte Arten brüten hier, darunter Zwergdommel, Bartmeise und Drosselrohrsänger.
- Es lassen sich mehr als 35 Limikolenarten (Regenpfeiferartige) beobachten, darunter seltene wie Kiebitzregenpfeifer, Steinwälzer, Sanderling, Grosser Brachvogel und Temminckstrandläufer.

Aber natürlich leben hier nicht nur Vögel. Mit den ausgedehnten Schilfflächen, Riedwiesen, Tümpeln und Auenwäldern ist die Grande Cariçaie Heimat für schätzungsweise 800 Pflanzen- und unglaubliche 10 000 Tierarten. In den ausgedehnten Feuchtgebieten leben 16 der 20 Amphibienarten, die in der Schweiz vorkommen. Der Teichmolch zum Beispiel hat hier so viel Platz, dass er die grössten Populationen in der Schweiz bilden kann, und auch der Laubfrosch kommt hier in grosser Zahl vor.

▶ Weisspunktige Schwertlilienrüssler

▼ Admiral

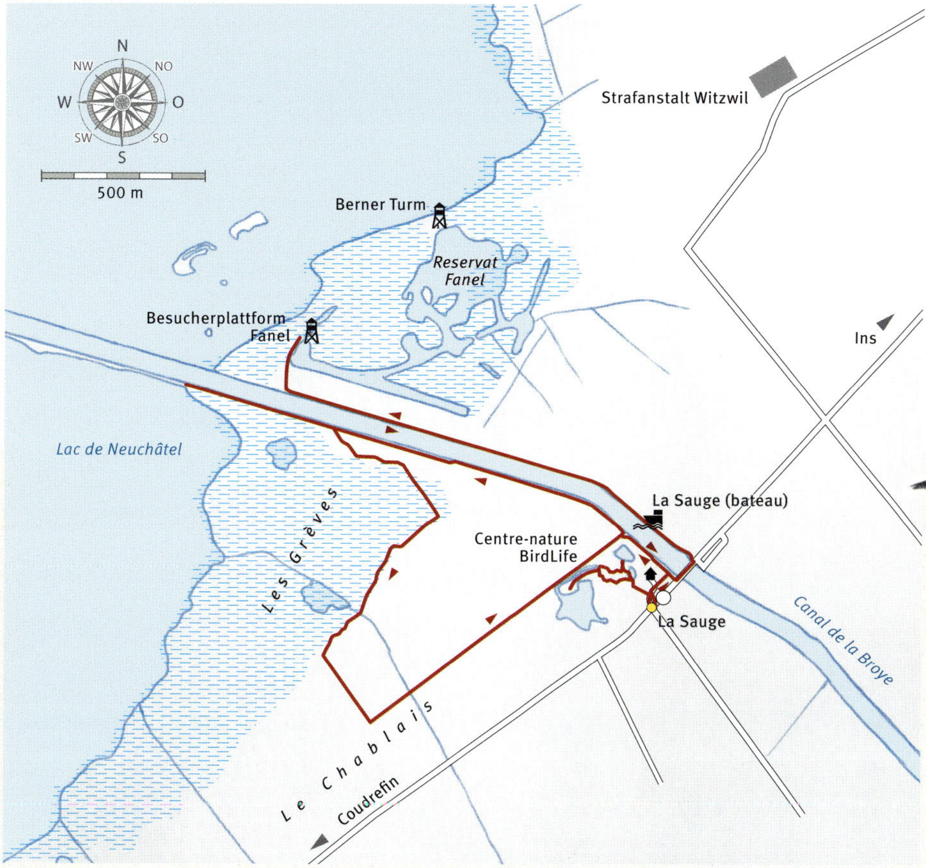

Kormoran

DIE WANDERUNG

Am besten startet man den Tag mit einem Besuch im Naturzentrum und nimmt sich danach die Zeit für den Besuch des Gebiets nördlich oder südlich des Broye-Kanals. Das sind dann zusammen etwa acht Kilometer; mit den Beobachtungspausen ergibt dies auf jeden Fall einen Ganztagesausflug.

START UND ENDE Bushaltestelle Coudrefin, La Sauge (direkt beim BirdLife-Naturzentrum), oder von Mai bis Oktober Anreise per Schiff von Neuenburg oder Murten bis zur Anlegestelle La Sauge (bateau)
ROUTE Zuerst auf den Pfaden des eingezäunten Naturzentrums, danach zur Besucherplattform Fanel, wieder zurück zum Naturzentrum, und schliesslich auf eine Rundwanderung westlich des Besucherzentrums (diverse Wege, die Rundwanderungen unterschiedlicher Länge erlauben).
LÄNGE Ca. 8 km
AUF- UND ABSTIEG Eben
WANDERZEIT 2 Std.
SCHWIERIGKEIT T1

EINKEHREN/UNTERKUNFT Eine Übernachtung in der Auberge de la Sauge (www.aubergelasauge.ch) beim Naturzentrum macht es einem leichter, in den ergiebigen Abend- und Morgenstunden unterwegs zu sein.
FÜR FAMILIEN Einfache Route, auch mit dem Schiff erreichbar, Naturzentrum mit Veranstaltungen.

Weitere Infos

BirdLife-Naturzentrum La Sauge: www.birdlife.ch/de/lasauge, Öffnungszeiten prüfen; www.grande-caricaie.ch

Die Route auf einer digitalen Karte oder als Download für Karten-Apps.

▲ Wasserfrosch
▶ Im Naturlehrgebiet Buchwald

OSTERGAU UND BUCHWALD LU

② AUSGEBEUTET MAL ZWEI – UND JETZT DAS GROSSE QUAKEN UND ZWITSCHERN

Nahe Willisau sind aus Menschenhand eine kleine Perle und ein etwas grösserer Edelstein entstanden. Im Naturlehrgebiet Buchwald knien Klein und Gross an den zahlreichen Teichen und schauen den Amphibien beinahe ins Maul, bei den etwa zwei Dutzend Teichen im Ostergau kommt auch eine reiche Vogelwelt dazu.

Tatort 1 – Ostergau, drei Kilometer östlich von Willisau. Im Ersten und Zweiten Weltkrieg, als der Kohle- und Ölnachschub stockte, wurden hier grosse Mengen Torf als Brennmaterial abgebaut. Allein im Jahr 1945 waren es eine halbe Million Tonnen. Das hinterliess eine Mondlandschaft mit zahlreichen Gruben. Als der Abbau eingestellt und die Wasserpumpen abgeschaltet wurden, füllten sich die Gruben rasch wieder mit Wasser – und mit Abfall, denn nach dem Zweiten Weltkrieg entsorgten die Willisauer ihren Abfall kurzerhand in den neu entstandenen Seen. Glücklicherweise änderten sich die Zeiten aber. Schon bald erkannten die Menschen den Wert der Weiherlandschaft für Pflanzen und Tiere, und 1966 wurde das Ostergau zu einem Naturschutzgebiet erklärt.

Highlights Etwa 40 kleine Seen, Tümpel und Teiche mit grosser Artenvielfalt; sehr gute Beobachtungsmöglichkeiten
Schutzstatus Kantonal geschützt, Moore, Amphibienlaichgebiet und Landschaft von nationaler Bedeutung
Jahreszeit Ganzjährig möglich, am besten von März bis September

Inzwischen hat sich das Ostergau zu einem wertvollen Lebensraum entwickelt. Sein Name hat übrigens nichts mit Ostern zu tun, sondern bezeichnet «das Gau im Osten». Besonders der Naturschutzverein Willisau ist hier

▲ Das Ostergau mit dem Pilatus (links)
▶ Naturlehrgebiet Buchwald

aktiv und setzt sich für die Pflege und die weitere Aufwertung und Vernetzung des grossen Biotops ein. Dazu gehört auch die jährliche Amphibienaktion, um ein Gemetzel, zu dem es früher jeweils im Frühling kam, auf der nahen Kantonsstrasse zu verhindern. Im Jahr 2020 wurden zum Beispiel 2179 Erdkröten, 139 Grasfrösche und 30 Bergmolche sicher auf die andere Strassenseite gebracht. Neben diesen drei Arten leben im Gebiet auch Wasserfrösche sowie Faden- und Teichmolche.

Die Erdkröte ist die grösste europäische Krötenart – die Weibchen können eine Länge von respektablen 15 Zentimetern erreichen. Sie ist recht gut an ihrer warzigen Rückenhaut und zwei länglichen Leisten hinter den Ohren, den Ohrdrüsen, zu erkennen; die Färbung ist sehr variabel und umfasst beige, braune, graue, rötliche und olivfarbene Töne. Die Erdkröte beginnt schon Anfang März von ihren Winterquartieren zu den Laichgewässern zu wandern. Erstaunlich: Die Tiere gehen immer genau in denjenigen Tümpel, in dem sie selbst als Kaulquappe gelebt haben. Wie sie diesen finden, ist noch immer nicht ganz geklärt. (Die Tiere gehen auch dorthin – und bleiben dort –, wenn der Tümpel gar nicht mehr existiert.) Charakteristisch für die Erdkröte sind die bis zu vier Meter langen Laichschnüre, in der die schwärzlichen Eier wie auf einer Perlenkette aufgereiht sind.

In den ausgedehnten Riedflächen und Röhrichten ist in der warmen Jahreszeit eine erstaunliche Zahl von Libellenarten unterwegs – verschiedene Azurjungfern, Mosaikjungfern, Prachtlibellen und Heidelibellen. Merkwürdige Gesel-

len auf der Wasseroberfläche sind die Rückenschwimmer, eine Familie von Wasserwanzen. Es ist ja schon erstaunlich genug, wie Wasserläufer mühelos über das Wasser laufen. Aber die Rückenschwimmer schaffen dies umgekehrt! Sie laufen unter der Wasseroberfläche, mit dem Bauch nach oben; dabei hilft ihnen ein mitgeführter Luftvorrat am Hinterleib.

Das Ostergau ist zudem auch ein wertvoller Lebensraum für Vögel – von kleinen Rohrsängern und Meisen über Enten und Rallen bis zu Greifvögeln und Reihern.

Ein Magnet für Amphibien

Etwa dreieinhalb Kilometer nördlich des Ostergaus liegt ein etwas kleineres, aber für kleine und grosse Naturforscherinnen besonders lohnendes Ziel: das Naturlehrgebiet Buchwald. Auch hier gibt es eine Geschichte zu erzählen, die den Wandel vom (Aus-)Nutzen zum Schützen nachzeichnet. Bis in die Mitte der Sechzigerjahre wurde hier Kies gewonnen. Als dieses Geschäft aufgegeben wurde, sollten (auch hier) die Gruben mit Abfall gefüllt werden. Glücklicherweise formierte sich schon bald engagierter Widerstand in den umliegenden Gemeinden; immerhin war im Gebiet bereits eine bunte Amphibienwelt zu Hause. Dank einer Stiftung konnte das Areal gekauft werden und wurde seither Schritt für Schritt in ein vielfältiges Exkursions- und Lehrgebiet für Schulen und Einzelpersonen umgewandelt. Etwa 40 Teiche und Tümpel gibt

Natur-Tipp

Das Naturlehrgebiet bietet auf kleinem Raum ein unglaubliches Mosaik an Lebensräumen, und dank der zahlreichen Wege und Stege kann man hier stundenlang suchen, entdecken, staunen und fotografieren. Das schreibe ich so enthusiastisch, weil meine ersten Besuche im Gebiet (noch zu Mittelschulzeiten) ein prägendes Erlebnis waren und mich dazu verleitet haben, Biologie (statt Geologie) zu studieren. Und allen Eltern, die ihren Kindern die Natur näherbringen und einen aufregenden Tag mit ihnen verbringen möchten, kann ich das Gebiet nur wärmstens empfehlen. Zudem können Führungen gebucht werden.

Im Naturlehrgebiet Buchwald

es heute, daneben Ruderalflächen, Auenwäldchen, Trockenwiesen, Hecken, Brachflächen und Sandbiotope. Gruppen können zudem ein Schulungs- und Kursgebäude nutzen.

Die grossen Stars im Buchwald sind die Amphibien, und im Frühling ist es schlicht unmöglich – zumindest mit einer guten Ausrüstung und wenn man sich den Teichen vorsichtig nähert –, ohne eindrückliche Froschbilder nach Hause zu kommen, vor allem von Gras- und Wasserfröschen. Eine Spezialität im Gebiet sind die Gelbbauchunken. Ihre Rücken sind mit einem Farbton zwischen Grau, Schwarz und Lehmfarben eher unauffällig, nicht aber ihre Unterseiten, auf denen Gelb und Schwarz ein knalliges Muster bilden. Ihre Bestände haben in Westeuropa in den letzten Jahrzehnten sehr gelitten, vor allem, weil kleine Tümpel und Teiche verloren gegangen sind – unter Parkplätzen, Äckern und Shopping Malls. Im Naturlehrgebiet Buchwald hat die Zahl der Gelbbauchunken in den letzten Jahren erfreulich zugenommen. Das war aber nur mit der Hilfe des Menschen möglich. Die Tiere sind nämlich auf frische Teiche mit wenig Vegetation (und wenig Feinden) angewiesen, und solche wurden speziell angelegt.

◀ Im Naturlehrgebiet Buchwald
▶ Gelbbauchunke

Der reich mit Amphibien gedeckte Tisch lockt natürlich auch die hübsche Ringelnatter an; sie ist eine exzellente Schwimmerin und Taucherin und ist so auf der Suche nach Nahrung unterwegs. Irgendwann wurden im Gebiet Ringelnattern ausgesetzt – dummerweise aber die falsche Unterart, die hier gar nicht heimisch ist. Leider hat sich diese nun etwas mit der einheimischen Unterart vermischt. Neben der Ringelnatter leben zwei andere Reptilienarten im Gebiet: die Zauneidechse und die Blindschleiche. Auch Insekten- und Schmetterlingsfreunde kommen hier voll auf ihre Rechnung: In vergleichsweise kurzen Studien wurden 96 Wildbienenarten, 21 Schmetterlings- und 27 Libellenarten nachgewiesen.

Das wirre und chaotische Ineinander von Lebensräumen und Kleinstrukturen im Buchwald gefällt auch Vögeln ausserordentlich gut, und so können 60 Vogelarten hier regelmässig beobachtet werden. Am häufigsten zu sehen sind der Zaunkönig, das Rotkehlchen, die Amsel, die Mönchsgrasmücke und der Buchfink. Wirklich seltene Arten brüten hier allerdings nicht. Trotzdem hat das Gebiet eine hohe regionale Bedeutung; man kann sagen, dass mehrere Arten hier sogenannte «Source-Populationen» haben. Das heisst, dass hier mehr Jungvögel heranwachsen, als alte Vögel sterben. Damit können aus dem Gebiet immer wieder Jungvögel abwandern und neue Populationen in anderen Regionen begründen.

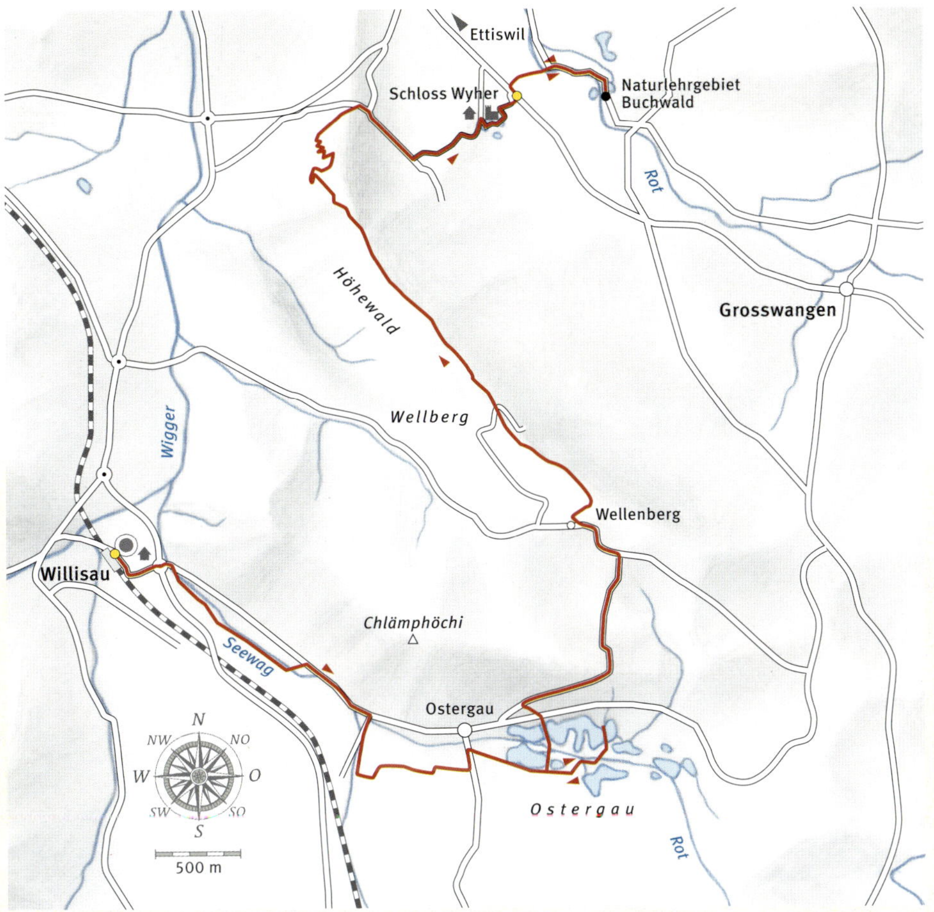

DIE WANDERUNG

Die beiden Gebiete Ostergau und Buchwald liegen auf den beiden Seiten des Wellberg-Hügelzugs östlich von Willisau und können gut mit einer etwa dreistündigen Wanderung besucht werden. Besonders für das Naturlehrgebiet Buchwald sollte man genug Zeit einplanen.

START Bahnhof Willisau
ENDE Bushaltestelle Schloss Wyher, Ettiswil
ROUTE Südöstlich zu den Ostergau-Weihern, dann via Wellberg und das Schloss Wyher zum Naturlehrgebiet Buchwald
LÄNGE 12 km
AUFSTIEG 210 m
ABSTIEG 240 m
WANDERZEIT Ca. 3¼ Std.

SCHWIERIGKEIT T1
EINKEHREN Willisau, Schloss Wyher
FÜR FAMILIEN Einfache Route, Naturzentrum mit Veranstaltungen und zahlreichen Beobachtungsmöglichkeiten

Weitere Infos

www.willisau-tourismus.ch, www.nvwillisau.ch, www.naturlehrgebiet.ch

▲ Zauneidechsen-Männchen
▼ Wasserfrosch

Die Route auf einer digitalen Karte oder als Download für Karten-Apps.

KLINGNAUER STAUSEE AG

③ WIE DIE GEBÄNDIGTE AARE ZUM VOGELPARADIES WURDE

▶ Jungschwan
▼ Klingnauer Stausee

Der Klingnauer Stausee gehört unter «Birdern», also unter Vogelbeobachtern, zu den ganz grossen Namen – zusammen etwa mit der Grande Cariçaie am Neuenburgersee, mit der Region um Leuk im Wallis oder mit den Reussauen bei Rottenschwil. Und für Anfängerinnen ist der Klingnauer Stausee geradezu ideal.

Dass der Klingnauer Stausee so attraktiv ist, hat eine ganze Reihe von Gründen. Die Bahn bringt einen fast bis ans Ufer, kurz nach dem Start bekommt man im neuen BirdLife-Besucherzentrum aktuelle Tipps und Bestimmungshilfen, und schliesslich führt ein einfacher Weg um den ganzen See herum. Und auf www.klingnauerstausee.ch kann man sich schon vor dem Trip informieren, was man etwa erwarten kann: Eingefleischte «Birder» tragen nämlich in eine Datenbank ein, welche Arten sie am Vortag entdeckt haben. Und wer an einer bestimmten Art interessiert ist, findet für jede Vogelart die Jahreszeit, in der sie vor Ort ist. Was will man mehr …

Highlights Ausgedehnte Flachwasserzonen, Auenwälder, einer der wichtigsten Lebensräume für Vögel in der Schweiz

Schutzstatus Wasser- und Zugvogelreservat mit internationaler Bedeutung, Auen und Amphibienlaichgebiete von nationaler Bedeutung, Teil des Auenschutzparks Aargau, Pro-Natura-Schutzgebiete

Jahreszeit Für die Beobachtung von Vögeln das ganze Jahr lohnenswert

Bis in die Mitte des 19. Jahrhunderts dehnte sich auf dem Gebiet des heutigen Klingnauer Stausees eine weite, unberührte Auenlandschaft aus, und die Aare floss hier in weiten Bögen und Seitenarmen durch die Ebene – ein einziges grosses Naturparadies. Wie an vielen anderen Orten wurde der Fluss dann aber buchstäblich in seine Schranken verwiesen, um Über-

▲ Teichrohrsänger
◀ Buntspecht
▶ Zwergdommel

schwemmungen vorzubeugen und urbares Land zu gewinnen. Aus einer der grössten Auenlandschaften der Schweiz wurde ein geometrisch angelegter, 150 Meter schmaler Kanal. Sehr viel unersetzlicher Lebensraum für Tiere und Pflanzen ging verloren. In den Dreissigerjahren wurde dann auch noch ein gewaltiger Staudamm für die Stromgewinnung errichtet. Dieser erneute Eingriff brachte aber auch wieder viel Natur zurück, denn die Aare deponierte im etwa drei Kilometer langen Stausee viel Geschiebe und schuf auf diese Weise zahlreiche Flachwasserzonen, in denen sich schnell Schilf ausbreitete und sich auch kleine Auenwald-Inseln bilden konnten. Das bedeutete für manche Vögel: Hier kann ich wieder rasten und mich stärken vor dem langen Flug in den Süden. Und für andere hiess dies: Hier kann ich meine Jungen grossziehen.

Bis heute wurden am Klingnauer Stausee mehr als 300 Vogelarten beobachtet, und etwa 100 davon haben hier schon einmal gebrütet. Die Schnatterente hat hier ihren wichtigsten Bestand an Brutpaaren in der Schweiz; die besten Chancen, sie zu sehen, hat man von August bis März. Zu den weiteren Entenarten am See gehören die Reiher-, die Spiess- und die Krickente. Zu den Highlights unter den Limikolen (Ordnung der Regenpfeiferartigen) gehören der Grosse Brachvogel, der Kiebitz, die Bekassine, der Kampfläufer, der Grünschenkel und der Zwergstrandläufer; nur schon eine dieser Arten zu entdecken oder gar zu fotografieren macht den Tag zum Glückstag – und unvergesslich.

Bei Gippingen

Bunte Vögel und Poker spielende Unken

In der Umgebung des Stausees konnten trotz aller Entwässerungsbemühungen und Bautätigkeiten einige Auenwälder überdauern. Im Norden sind dies die Gebiete Grien und Giriz und im Osten das Gebiet Machme. Ein typischer Bewohner hier ist der Pirol. Obwohl er sich mit seinem schwarz-gelben Gefieder alles andere als ein Tarnkleid zugelegt hat, braucht es doch etwas Glück, ihn hoch oben in der Baumkrone und im Gegenlicht zu sehen. Am besten kommt man ihm im Frühling dank seines charakteristischen Gesangs auf die Spur. Ein kurzes und flötendes «düdelio»? – Dann ist der hübsche Vogel nicht weit weg! Neben dem Pirol gibt es noch andere überaus bunte Vögel in den Auenwäldern, etwa den Eisvogel und das Blaukehlchen. Für beide braucht es aber Geduld und Glück.

Was am Klingnauer Stausee auch klasse ist: Ein Besuch lohnt sich das ganze Jahr über. In der kalten Jahreszeit halten sich hier viele Wintergäste aus dem hohen Norden auf. Im Frühling kann man sich auf die Vogelscharen freuen, die nordwärts zurück in ihre Brutgebiete ziehen, und auf die Vögel, die hier im Frühling und Sommer brüten. Von August bis Oktober findet dann wieder der Herbstzug statt, auf dem viele Vögel aus Europas Norden hier auf dem Weg in den Süden rasten und sich nochmals den Bauch füllen.

Ob so viel gefiederter Themen geht beinahe vergessen, dass der See und die umliegenden Auenwälder auch für andere Tiere und Pflanzen ein Refugium sind. Im See selbst sind nicht weniger als 27 Fischarten zu Hause. In den feuch-

Seidenreiher
im Grien

Good News
Die Geschichte des Naturgebiets Klingnauer Stausee ist nicht abgeschlossen: 2018 erhielten die Kraftwerksbetreiber eine neue Betriebskonzession bis zum Jahr 2075. Im Gegenzug wurde eine Reihe von ökologischen Aufwertungsmassnahmen beschlossen. Dazu gehören ein neuer Nebenarm beim Gebiet Weerd, Nisthilfen für Ufer- und Flussseeschwalben, die Revitalisierung der Leuggernbachmündung, die Renaturierung des Ufers im Gebiet Giriz und die Vergrösserung des Auengebiets Machme. Einige dieser Massnahmen konnten bereits bis Ende 2020 realisiert werden.

ten Auenwäldern lebt die stark gefährdete Gelbbauchunke. Hier finden sich ihre typischen Laichgewässer: Tümpel, die später im Jahr austrocknen. Das mag etwas überraschen, hat aber einen guten Grund – denn so überleben viel weniger andere Tiere, die den Laich der Gelbbauchunke fressen könnten. Eine raffinierte, aber nicht ungefährliche Strategie ... Um die Chancen für ihren Laich zu erhöhen, dehnen die Tiere ihre Paarungszeit über viele Monate aus, von Ende April bis in den August hinein, und zudem verteilen die Weibchen ihre Laichbällchen auf möglichst viele kleine Tümpel. Eine weitere seltene Amphibienart ist die Kreuzkröte; sie ist auf Kies- und Sandbänke angewiesen oder auf ganz sanft auslaufende Seeufer.

Schliesslich leben um die Tümpel und Gewässer und im Röhricht am Klingnauer Stausee nicht weniger als 41 Libellenarten. Zu den häufigsten Kleinlibellen an relativ sonnigen Fliessgewässern gehört die Gebänderte Prachtlibelle. Die Männchen sind schillernd dunkelblaugrün und auf ihren Flügeln haben sie eine schwarzblaue Binde. Die Weibchen sind metallisch grün bis bronzefarben, die Flügel haben aber keine Querbinde.

Zum Schluss noch ein Tipp für Erstbesucherinnen. Natürlich wird man auf einer ersten Exkursion nicht gleich alle Highlights einheimsen können. Lohnenswert ist aber der kleine Erlebnispfad beim BirdLife-Naturzentrum im Südwesten des Stausees (Öffnungszeiten prüfen). Hier können Sie bereits durch einige Lebensräume eines Auengebiets schlendern, mit Teichen, einem Bach, Magerwiesen und Hecken. Und von einem «Hide», also einer Beobachtungshütte aus, lässt sich auch das Treiben am grossen Teich beobachten, inklusive Eisvögel, die regelmässig für den Libellenlarvenfang hierherkommen (und hoffentlich bald in der eigens für sie errichteten Sandwand brüten). Gleich gegenüber des Naturzentrums steht zudem ein grosser Beobachtungsturm.

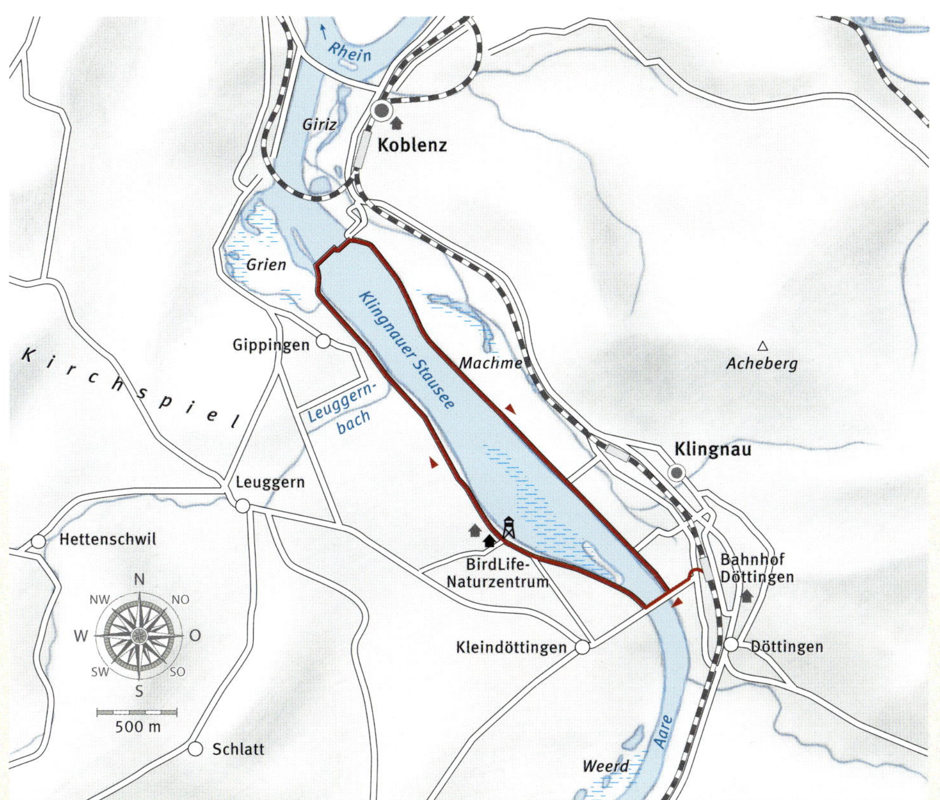

DIE WANDERUNG

Der «lange Spaziergang» um den Klingnauer Stausee ist zwar nur knapp acht Kilometer lang, mit einem Besuch im BirdLife-Naturzentrum, allen Beobachtungsstopps und der An- und Rückreise wird dies aber einen ganzen Tag ergeben. Gut zu wissen: Der Rundweg ist (leider) asphaltiert.

START UND ENDE Bahnhof Döttingen
ROUTE Auf der Route 525 (Klingnauer Uferweg) im Uhrzeigersinn um den See.
LÄNGE 7,5 km
AUF- UND ABSTIEG Eben
WANDERZEIT Ca. 1¾ Std.
SCHWIERIGKEIT T1
EINKEHREN Döttingen, BirdLife-Naturzentrum, kurz danach Restaurant Oase (Kleindöttingen)
FÜR FAMILIEN Einfache Route, Naturzentrum mit Veranstaltungen
VARIANTE Viele Besucher spazieren auch nur entlang der Westseite des Sees und steigen in Koblenz in den Zug.

Weitere Infos

www.naturzentrum-klingnauerstausee.ch, www.klingnauerstausee.ch

Graureiher

Die Route auf einer digitalen Karte oder als Download für Karten-Apps.

▲ Haubentaucher
▶ Am Pfäffikersee

PFÄFFIKERSEE ZH

④ NATUR-SCHATZTRUHE MITTEN IN DER ZÜRCHER SIEDLUNGSLANDSCHAFT

Der Pfäffikersee gehört mit seinen Schilfgürteln, Mooren und Tümpeln zu den vielfältigsten Feuchtgebieten im Mittelland. Auf einer Seeumrundung lässt sich die ganze Vielfalt an Schmetterlingen, Insekten und Vögeln erwandern.

Zwischen den drei geschäftigen Orten Wetzikon, Pfäffikon und Uster breitet sich in einer ehemaligen Gletschermulde der Pfäffikersee aus. Mit seinen Massen von rund anderthalb auf drei Kilometer steht er zwar etwas im Schatten des nahen Greifensees und erst recht des etwa zwölf Kilometer entfernten Zürichsees. Aber für viele Naturfreunde ist er trotzdem der grösste der drei Seen.

Die Moorlandschaften, Tümpel und Kanäle sind Lebensraum für Amphibien und Reptilien. Neben dem knallgrünen Laubfrosch, der tagsüber gern in Bäumen und Sträuchern lebt, sind Anfang Mai die Wasserfrösche mit ihrem Quaken und Quarren nicht zu überhören. An manchen Gewässern sitzen sie in grosser Zahl im Wasser, viele von ihnen halten ein laichgefülltes Weibchen umklammert und quaken gleichzeitig mit ihren grossen, fast weissen Schallblasen. Gar nicht selten ist auch die Mooreidechse. Die bis 16 cm lange, meist braune und gepunktete Eidechse lebt gern an Waldrändern oder in Mooren, sie braucht aber eine

Highlights Artenreiche Feuchtgebiete fast lückenlos um den ganzen See; vielfältige Vogelwelt, etwa 30 Libellen- und 50 Tagfalterarten
Schutzstatus Ganzer See und Uferzone geschützt, seit 2010 Smaragd-Schutzgebiet, also Teil eines europäischen Netzes von Schutzgebieten
Jahreszeit Das ganze Jahr spannend (überwinternde Vögel)

Am Ostufer des Pfäffikersees

geschlossene Krautschicht und eine relativ hohe Bodenfeuchtigkeit. Sie paart sich im Mai oder Anfang Juni; drei Monate später entschlüpfen den Weibchen drei bis zehn fertig entwickelte Mooreidechsen-Babys. Die Art nennt man darum ovovivipar, lebendgebärend, und meint damit, dass das Tier nicht Eier legt, sondern fertige Jungtiere gebärt.

Good News

Am Pfäffikersee ist ein Schmetterling zu Hause, der im Mittelland sonst nur in isolierten Inseln lebt und im Kanton Zürich nur noch an wenigen Standorten vorkommt: der Blauäugige Waldportier, auch Blauauge (*Minois dryas*) genannt. Der oben dunkelbraune Schmetterling wird mit 6 cm Flügelspannweite recht gross. Am Pfäffikersee wird einiges für ihn gemacht. Pro Natura etwa kaufte 2002 Land in der Tüfi und wertete den Lebensraum mit vielfältig strukturierten, mageren Wiesen auf. Davon profitieren natürlich auch andere Schmetterlingsarten und Insekten.

Der Opernsänger aus dem Schilf

Die Mehrheit der fernglasbewehrten Besucher kommt aber wegen der Vögel an den Pfäffikersee, und vom guten Rundweg aus können immer wieder Schönheiten und Raritäten entdeckt werden. Zu den häufigeren Brutvögeln gehören der Teichrohr- und der Sumpfrohrsänger – im Jahr 2016 gab es am See von beiden um die 70 Brutpaare. Beide Arten halten sich gern im Schilf auf und sehen auch fast gleich aus: unscheinbar braun mit einer weisslichen Kehle. Von Auge sind sie also kaum zu unterscheiden. Erst wenn sie zu singen beginnen, geben sie ihre Identität preis. Und da hat der Sumpfrohrsänger klar die Opern-Nase vorn. Während der Teichrohrsänger recht eintönig singt – er wiederholt meist ein paar Mal ein «tscharr» oder ein «tschirrak» –, hat der Sumpfrohrsänger viel mehr drauf: Er trägt ein melodisches, abwechslungsreiches und dauernd sich änderndes Geschwätz mit allen möglichen Elementen vor. Der Sumpfrohrsänger liebt es, andere Vögel zu imitieren, und in seinem Gesang konnten Melodiefetzen von über 200 anderen Vögeln gefunden werden; der Sumpfrohrsänger ist also vielleicht der beste und sympathischste Musik-Raubkopierer der Welt. Neben diesen beiden «Zwillingen» gibt es noch zahlreiche andere Brutvögel am Pfäffikersee, unter ihnen die Flussseeschwalbe, das Teichhuhn, den Fitis, die Goldammer und die Rohrammer.

◄ Zauneidechse

◄ Fieberklee

▲ Blauäugiger Waldportier, auch Blauauge genannt

Am Pfäffikersee können auch zahlreiche Insektenarten beobachtet werden. Über dem Wasser sind häufig Libellen, die in schnellen Jagdflügen über die Oberfläche flitzen, zu sehen. Etwa 30 Arten kommen am See vor, darunter auch Seltenheiten wie die Grosse Moosjungfer und die Zwerglibelle. Für Fotografen eine besondere Herausforderung ist es, ein Paarungsrad einzufangen: Dabei hält das Männchen das Weibchen am Nacken fest, während das Weibchen sein Körperende zum Begattungsorgan an der Brust des Männchens führt.

Mit Schecken, Perlmutt und Moorblau

So bunt und schön Schmetterlinge oft sind, so schwierig sind sie zu fotografieren. Denn kaum kommt man ihnen etwas näher, flattern sie auch schon auf und davon. Am besten gelingt ein Bild mit einem Teleobjektiv, dank dem man aus einiger Distanz fotografieren kann. Am Pfäffikersee kommen etwa 50 Tagfalterarten vor, also Schmetterlinge, die vor allem am Tag fliegen (alle anderen Schmetterlinge zählt man zu den Nachtfaltern). Fast alle sind auf die Blüten in den mageren Feucht- und Trockenwiesen angewiesen; verschwinden solche Wiesen durch Düngung, verschwinden auch die Schmetterlinge. Zu den Raritäten gehören der Skabiosen-Scheckenfalter, der Braunfleckige Perlmuttfalter und der Kleine Moorbläuling. An Letzterem wird klar, wie viele Tierarten eine vielfältige und artenreiche Landschaft zum Überleben brauchen. Der Kleine Moorbläuling braucht einerseits gute Bestände des Lungenenzians, von dem die Raupen leben, anderseits muss auch die Waldknotenameise im Gebiet sein, denn diese schleppt die Raupen in ihr Nest, und nur dort kann die Raupe überwintern. Das Teamwork funktioniert dabei so, dass die Raupe zwar von der Ameisenbrut frisst, dafür aber eine nahrhafte Flüssigkeit ausscheidet.

▲ Waldohreule
▼ Störche beim Naturzentrum Pfäffikersee

DIE WANDERUNG

Ein guter Startpunkt für die Umrundung des Pfäffikersees ist Pfäffikon ZH – so kann man sich gleich noch im neuen Naturzentrum umsehen und informieren (am See in Pfäffikon, ausgeschildert, offen mittwochnachmittags und an den Wochenenden). Es ist ein Gemeinschaftsprojekt der Vereinigung Pro Pfäffikersee, BirdLife Schweiz und Pro Natura.

START UND ENDE Bahnhof Pfäffikon ZH
ROUTE Gut ausgeschildert auf der Route 890 (Pfäffikersee-Rundweg) um den See.
LÄNGE 9,9 km
AUF- UND ABSTIEG Praktisch eben
WANDERZEIT 2 ½ Std.
SCHWIERIGKEIT T1
EINKEHREN Pfäffikon und Badi Auslikon (Kiosk)
FÜR FAMILIEN Einfache Route, Naturzentrum mit Veranstaltungen, Bademöglichkeit
VARIANTE Eine kürzere Version führt vom Bahnhof Pfäffikon ZH zum Naturzentrum und dann südöstlich nach Kempten.

Weitere Infos

www.naturzentrum-pfaeffikersee.ch, www.pronatura-zh.ch mit Stichwort «Pfäffikersee», www.propfaeffikersee.ch, www.birdlife-zuerich.ch

Gefleckter Schmalbock

Die Route auf einer digitalen Karte oder als Download für Karten-Apps.

SEEBACHTAL TG

⑤ STARTHILFE FÜR DIE ULTRA-FLIEGERIN

▲ Flussseeschwalben über dem Hüttwilersee
▶ Am Hüttwilersee
▼ Graugänse

Zwischen Winterthur und dem Bodensee liegen in einem lang gezogenen Tal der Nussbaumer- und der Hüttwilersee. Sie sind zwar je nur etwa einen Kilometer lang, dank grossflächiger Renaturierungen und gezielter Artenschutzmassnahmen aber ökologisch äusserst wertvoll.

Der Vogelzug ist nicht nur ein geheimnisvolles Naturphänomen, Ornithologen haben dabei auch zahlreiche Superlative entdeckt. Wo sind die grössten Schwärme unterwegs? Wie lange können Vögel in der Luft bleiben? Oder wer ist am weitesten geflogen? Wer im Internet selbst auf Rekordjagd geht, findet unendlich viele Zahlen und die unglaublichsten Leistungen. Die Forscherinnen der Vogelwarte in Sempach konnten eine beringte Flussseeschwalbe identifizieren, die in Finnland gestartet war und in Südaustralien wiedergefunden wurde. Bei einer Flugroute über Südafrika würde das eine Distanz von 25 000 Kilometern bedeuten! (Noch längere Flüge sind von der Küstenseeschwalbe bekannt; einige unter ihnen haben fast 100 000 Kilometer in einem Jahr zurückgelegt.)

Highlights Flussseeschwalben, weitere 50 Brutvogelarten, neun Amphibienarten, darunter gute Laubfrosch-Bestände
Schutzstatus Amphibienlaichgebiet und Flachmoor von nationaler Bedeutung, kantonales Schutzgebiet, Teile sind Pro-Natura-Schutzgebiet, Teil des UNESCO-Weltkulturerbes «Prähistorische Pfahlbauten um die Alpen»
Jahreszeit Ganzjährig möglich. Besonders lohnenswert während der Brutzeit der Vögel; Beobachten der Laubfrösche: April bis Juli

Dem zierlichen und schnittig geformten Vogel ging es in der Schweiz lange Zeit nicht gut. Zu Beginn des 20. Jahrhunderts brütete die Flussseeschwalbe immerhin noch an 30 Orten in der Schweiz; 1952 gab es dann noch eine einzige Kolonie am Neuenburgersee. Schuld daran waren Fluss- und Uferverbauungen, die den Vögeln den Lebensraum für ihre Nistplätze nah-

▲ Rehkitz

◀ Grosser Kohlweissling

▶ Rotkehlchen

men, nämlich Kies- und Sandinseln. Dank eines gezielten Artenschutzes gibt es heute wieder zehn bis fünfzehn Kolonien. Wie ist das gelungen? Ganz praktisch denkend haben Vogelschützer Flosse gebaut, sie mit Kies und Sand bedeckt und sie dann auf verschiedenen Seen vor der Brutzeit gewassert. Andernorts wurden neue Kiesinseln errichtet. Die Vögel nahmen beides dankbar an, und heute ziehen um die 400 Brutpaare in der Schweiz wieder ihre Jungen auf.

Auch am Nussbaumer- und am Hüttwilersee, zwischen dem Zürcher Weinland und Frauenfeld gelegen, können von etwa Anfang Mai bis Anfang August Flussseeschwalben beobachtet werden. Auf beiden Seen werden im Vorfrühling vom Thurgauer Vogelschutz einige Flosse gewassert, auf denen die Vögel dann ab Mai bis Ende Juli brüten. Und dabei kann es recht lebendig zu- und hergehen: Während ein Partner die Eier bebrütet, schnellt der andere durch die Lüfte und erbeutet im Sturzflug kleine Fische, und Störenfriede werden lautstark vertrieben.

Baumaschinen im Auftrag von Laubfrosch und Libelle

Die beiden Seen sind aber nicht nur ein Beispiel für gelungenen Artenschutz, sondern auch für eine erfolgreiche Renaturierung bedrohter Lebensräume. Um

Flussseeschwalben auf ihrem Brutfloss

Land für Äcker zu gewinnen, wurden im Zweiten Weltkrieg 200 Hektar Land im Umfeld der Seen trockengelegt – mit einer Absenkung des Seespiegels um 1,5 Meter und der Verlegung von 90 Kilometern Entwässerungsröhren. Damit ging sehr viel Lebensraum für seltene Arten verloren. Im Jahr 1995 begann die Stiftung Seebachtal, Land zu kaufen, und 2002 konnten die ersten Renaturierungen angepackt werden; bis heute sind es immerhin wieder 70 Hektar. Die Bauern, denen das Land abgekauft wurde, erhielten andernorts einen gleichwertigen Ersatz, und viel Unterhaltsarbeit im Schutzgebiet wird heute auch von den lokalen Landwirten erledigt. So konnte wieder ein Mosaik von verschiedenen Lebensräumen geschaffen werden, mit seichten Ufern, sumpfigen Waldstücken, Mooren, Trocken- und Streuwiesen. Die Arbeiten sind aber nicht abgeschlossen. Im Herbst 2020 wurde im Grundriet, südlich des Wanderwegs zwischen den beiden Seen, auf 2 Hektar eine Renaturierung durchgeführt. Dazu wurde der überdüngte Oberboden abgetragen und an seiner Stelle Saatgut von Pfeifengras- und feuchten Fettwiesen eingebracht. Zusätzlich wurde Schnittgut einer bereits renaturierten, nahe gelegenen Streuwiese übertragen. Auf diese Weise wurden nicht nur passende Samen auf die Fläche gebracht, sondern gleich auch noch unzählige Kleinlebewesen, Larven und Eier.

Aber natürlich gibt es hier noch viel mehr zu sehen als die Flussseeschwalbe: Mehr als 170 Vogelarten konnten an den beiden Seen nachgewiesen werden, und mehr als 50 Arten brüten hier auch. 2006 wurde, nach einer langen Absenz, der Kiebitz wieder entdeckt; nach einigen Jahren erfolgloser Brutversuche ist er aber leider wieder verschwunden. Im Wald zwischen Hüttwiler- und Nussbaumersee lebt dafür der wunderschön schwarz-gelb gefiederte Pirol.

Auch für Amphibien hat das Gebiet durch die Renaturierungen viel an Wert gewonnen. Heute kommen hier neun Amphibienarten vor, der Laubfrosch zum Beispiel in grossen Populationen. Den Frosch – übrigens die kleinste Art der Schweiz – sucht man am besten nicht im Wasser, sondern auf Bäumen und Sträuchern. Denn Frösche sind ausgezeichnete Kletterer und verbringen viel Zeit im Geäst, wo sie – gut getarnt – Käfer und Fliegen erbeuten. Die Renaturierungen sind zudem vielen weiteren Arten zugutegekommen: So ist seit 1995 die Zahl der Tagfalterarten von 7 auf 33 geklettert, diejenige der Laufkäfer von 49 auf 85, und Libellenforscher können hier nicht weniger als 40 Arten finden.

DIE WANDERUNG

Die Wanderung von Nussbaumen zur Kartause Ittingen führt nicht nur den beiden See-Perlen entlang, sie bietet an klaren Tagen auch überraschende Weitblicke bis in die Alpen. Und am Ende wartet die eindrückliche Kartause Ittingen, deren Anfänge bis ins 12. Jahrhundert zurückreichen.

START Bushaltestelle Nussbaumen TG, Schulhaus
ENDE Bushaltestelle Kartause Ittingen
ROUTE Via Nussbaumer- und Hüttwilersee zur Kartause Ittingen.
LÄNGE 10,9 km
AUFSTIEG 130 m
ABSTIEG 200 m
WANDERZEIT 2¾ Std.
SCHWIERIGKEIT T1
EINKEHREN/UNTERKUNFT Nussbaumen und Kartause Ittingen
FÜR FAMILIEN Einfache Route, Bademöglichkeiten

Weitere Infos

www.stiftungseebachtal.ch, www.vogelschutz-tg.ch

Raupe des Schmetterlings Kleiner Fuchs

Die Route auf einer digitalen Karte oder als Download für Karten-Apps.

Im Forêt de Finges

FLÜSSE,
DELTAS
UND AUEN

ALTE AARE BÜREN BE

⑥ EIN ERSTICKTER FLUSS KANN WIEDER ATMEN

▲ Mäusebussard
► Eisvogel-Weibchen
▼ Bei Meienried

Auenlandschaften wurden lange Zeit als wertlose Landstriche angeschaut, die es zu zähmen, trockenzulegen und zu bewirtschaften gilt. Nachdem wir den grössten Teil dieser unglaublich vielfältigen Lebensräume in der Schweiz verloren haben, setzte in den letzten Jahren endlich ein Umdenken ein. Eine Perle einer renaturierten Auenlandschaft ist die Alte Aare zwischen Aarberg und Büren.

Die Aare zwischen Aarberg und Büren hat schon einiges einstecken müssen. Noch im 19. Jahrhundert war sie die Lebensader einer riesigen und höchst vielfältigen Auenlandschaft – sie überschwemmte ihr breites Bett immer wieder, schuf ständig neue Lebensräume und ermöglichte so eine Heimat für unzählige Tiere und Pflanzen, die genau auf diese unablässigen Wechsel angewiesen sind. Der Dank dafür kam in Form von Trockenlegungen, Kanälen und gigantischen Umleitungen; im Lauf der Juragewässer-Korrektionen von 1868 bis 1878 wurde die Aare nämlich kurzerhand grossflächig umgeleitet und der Abschnitt zwischen Aarberg und Büren, eine Strecke von immerhin 14 Kilometern, wurde sich selbst und quasi der Vertrocknung überlassen.

Highlights Eine der schönsten renaturierten Auenlandschaften der Schweiz
Schutzstatus Auen- und Amphibienlaichgebiete von nationaler Bedeutung, Landschaften von nationaler Bedeutung, kantonale Schutzgebiete, Wasser- und Zugvogelreservate
Jahreszeit Das ganze Jahr möglich, am schönsten von Frühling bis Herbst

Die fehlenden Überflutungen hatten gravierende Auswirkungen auf zahlreiche Arten, die von solchen abhängig sind: Wasser- und Feuchtgebietspflanzen, Wirbellose, Amphibien und Vögel – unzählige Arten litten unter der ausbleibenden Dynamik oder ver-

Alte Aare bei Dotzigen

schwanden ganz. Weichhölzer wie Eschen und Weiden, Kennzeichen einer intakten Auenlandschaft, wurden von anderen Arten verdrängt. Zu alledem wurde auf einer Strecke von mehr als fünf Kilometern eine Autobahn mitten durch die (alte) Flusslandschaft gelegt. Es ging weiter bergab.

Die Wende kam, beinahe ironischerweise, wieder mit dem Wasser – und auch einem veränderten Bewusstsein gegenüber dem Wert von Feuchtgebieten und Auenlandschaften. 2006 und 2007 kam es zu Hochwassern in der Region. Der Hochwasserschutz musste verbessert werden! Gleichzeitig wollte man auch etwas für die Biodiversität tun. Wie andernorts auch, etwa bei der Mündung der Thur in den Rhein oder im Oberengadin, setzten sich Wasserbau-Ingenieurinnen, Bauern und Naturschützerinnen an einen Tisch und heckten ein Projekt aus, von dem der Hochwasserschutz und auch die Natur profitieren sollten. Und wo ein Wille ist, ist auch ein Weg – es funktionierte. Zwischen 2015 und 2019 fuhren grosse Baumaschinen auf und verbaggerten 22 Millionen Franken. Sie verstärkten nicht nur Dämme, sondern stellten auch einen Teil der ursprünglichen Hochwasserdynamik wieder her und schufen neue Lebensräume:

- Seitenarme wurden wieder reaktiviert.
- Hunderte von Stämmen und Wurzelstöcken wurden in die Gewässer eingebaut.
- Weichholz- und Bruchwälder konnten sich wieder etablieren.
- Feuchtwiesen und Flachmoore wurden gefördert.
- Pionierstandorte, Halbtrockenrasen und Föhrenwälder erfuhren eine Aufwertung.
- Zudem wurden neue Amphibiengewässer erstellt.

Die ursprüngliche Auenlandschaft mit dynamischen Wasserständen haben wir damit nicht zurückgewonnen, aber doch einiges zumindest «reparieren» können. Vielleicht der eindrücklichste Teil ist der reaktivierte und renatu-

▲ Teichmolch
◄ Larvenhülle einer Flussjungfer-Libelle
▲ Wasserfrosch

rierte Altarm, der bei Schwadernaugrien beginnt und nach über 2,2 Kilometern nördlich von Dotzigen wieder in die Alte Aare mündet. Wie früher werden Teile des Gebietes nach starken Regenfällen wieder überflutet. Heute ist es noch zu früh, Bilanz zu ziehen und zu sagen, wie viele Tier- und Pflanzenarten zurückgekehrt sind. Aber auf jeden Fall konnte hier ein Lebensraum für viele gefährdete Arten geschaffen werden.

Eine Wanderung oder ein Spaziergang durch das Gebiet ist auf jeden Fall etwas vom Schönsten, das man heutzutage in Schweizer Auenlandschaften machen kann. Und auf jeden Fall hat man gute Chancen, typische Auenbewohner zu sichten. Nicht weniger als acht Biber-Familien sind hier zu Hause; wegen ihres emsigen Grabens mussten sogar Strassentrassees mit Schutzgittern versehen werden. Bei den Amphibien kommen die stark gefährdeten Kamm- und Teichmolche vor, und damit fühlen sich hier auch Ringelnattern wohl. Ein solch wertvolles «Grundstück» ist natürlich auch für Vögel höchst wertvoll. Wer einen Glückstag hat, erhascht einen Blick auf einen Eisvogel oder eine Uferschwalbe. In den Röhrichten und Sümpfen leben der Drosselrohrsänger, der Rohrschwirl und der Teichrohrsänger, in den angrenzenden Wäldern sind der Pirol und die Waldohreule zu Hause. Weiter wurden an der Alten Aare 22 Schmetterlingsarten und 25 Libellenarten gezählt.

◀ Störche in Altreu
▼ (Leider) ausgesetzte Schmuckschildkröte

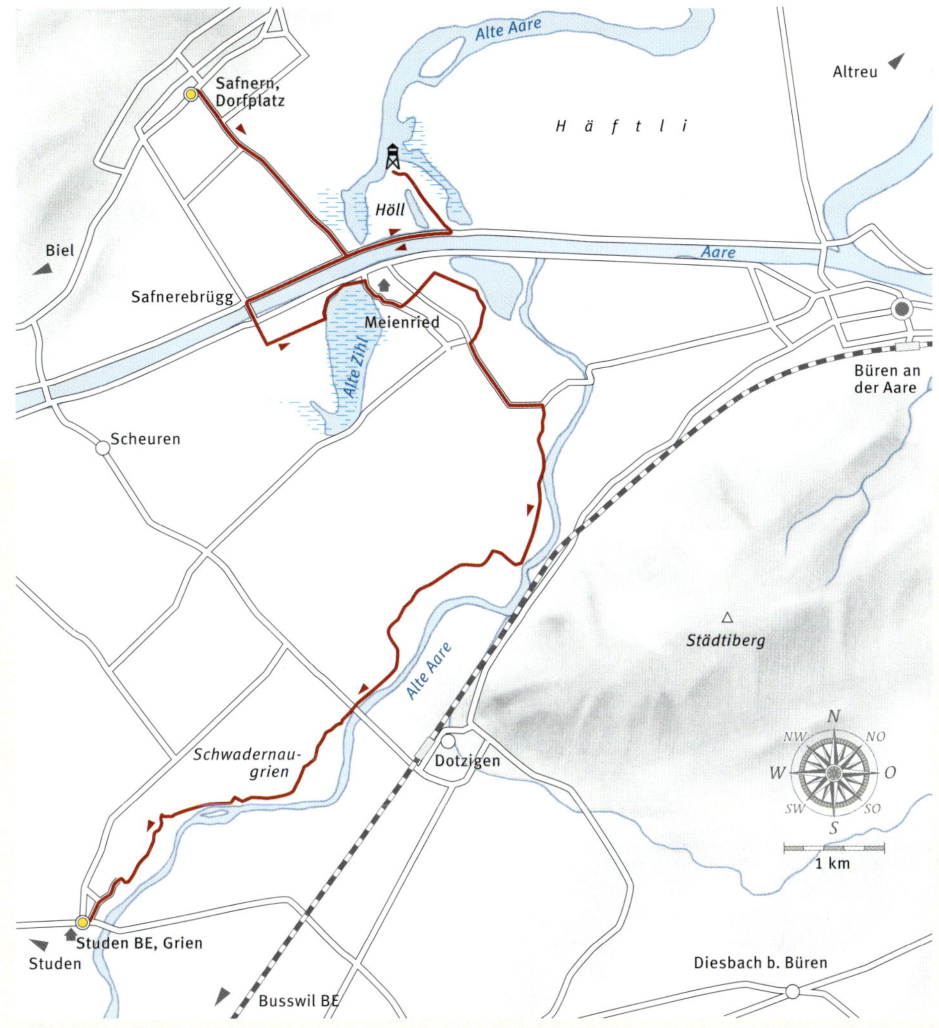

DIE WANDERUNG

Auf der Route von Safnern nach Studen stehen die lohnendsten Abschnitte der Alten Aare auf dem Programm. Die Wanderung liesse sich in Studen durchaus südwärts fortsetzen, allerdings ist dort die Autobahn meistens in störender Hörweite.

START Bushaltestelle Safnern, Dorfplatz
ENDE Bushaltestelle Studen BE, Grien, oder Bahnhof Studen BE
ROUTE Zuerst zum Beobachtungsturm im Gebiet Höll, dann über die Safnerebrügg und via Meienried nach Studen BE.

LÄNGE 10,4 km
AUF- UND ABSTIEG Praktisch eben
WANDERZEIT 2½ Std.
SCHWIERIGKEIT T1
EINKEHREN Meienried und Studen BE, Grien
FÜR FAMILIEN Einfache Route
VARIANTE Überaus schmuck ist die kleine Altstadt von Büren a. A., alternativ kann die Wanderung hier beginnen.

Weitere Infos

www.alte-aare.ch, www.bern.com

Die Route auf einer digitalen Karte oder als Download für Karten-Apps.

SUSTEN UND PFYNWALD VS

⑦ DAS DOPPELPACK – NEIN, GLEICH DREI EINZIGARTIGE LEBENSRÄUME

▲ Männchen der Blauflügel-Prachtlibelle
▶ Im Beobachtungshäuschen im Leukerfeld
▼ Der Rotten (Le Rhône) zwischen Susten und Sierre

Westlich und östlich von Susten liegen gleich zwei Hotspots der Artenvielfalt in der Schweiz: die ungebändigte Rhone, die hier eine der grossartigsten Auenlandschaften der Schweiz bildet, und etwas weiter flussaufwärts das Leukerfeld, ein überaus artenreicher Vogel-Lebensraum mit einigen grossen und exotischen Raritäten.

Auf ihrem langen Weg durch das Wallis passieren der Rhone bei Susten einige merkwürdige Dinge. Nachdem sie in Susten vom Illgraben-Schuttfächer an den Rand der Talsohle gedrückt wurde und auch ein Wehr durchlaufen musste, kann sie danach auf etwa acht Kilometern die grosse Freiheit geniessen – ihr Bett ist dann mehrere Hundert Meter breit, und sie kann ihre ganze Kraft und Lebendigkeit ausspielen: sich aufteilen und verästeln, Kies- und Sandbänke an einem Ort ablagern und andernorts wieder wegspülen. Ein Hochwasser? Eine wunderbare Gelegenheit, alles neu zu gestalten – alles ist im Fluss. Und ständig werden neue Lebensräume geschaffen – Lebensräume, auf die viele Tier- und Pflanzenarten angewiesen sind. Der Rotten bildet hier eine der bedeutendsten und auch eindrücklichsten Auenlandschaften der Schweiz.

Highlights Eine der grössten Auenlandschaften der Schweiz, diverse Feuchtgebiete im Pfynwald, eine der reichsten Vogelwelten des Landes
Schutzstatus Regionaler Naturpark, geschützte Auen- und Amphibienlebensräume, Waldreservate
Jahreszeit Das ganze Jahr möglich, am besten von März bis September

In den weiten, sandigen Ebenen etwas erhöht über der Rhone – sie heisst hier Rotten – hat sich eine Steppengesellschaft entwickelt. Wer hier überleben will, muss mit einigem fertig

▲ Erdeichel-Widderchen
▼ Baum-Weissling
▶ Buntspecht

werden, besonders mit langen Trockenheiten und hohen Temperaturen. Im heissen Sand wurden schon Temperaturen von 65 °C gemessen. Das macht das Gebiet besonders geeignet für Pflanzen, die Halbwüstengene in sich tragen und ursprünglich aus den Steppen Osteuropas oder aus dem Mittelmeerraum stammen. Im Mai und Juni wiegen sich die zarten behaarten Ähren des Echten Federgrases im Wind und zeichnen im Gegenlicht ein filigranes Strichgemälde in die Landschaft. Die Blütenpracht beginnt bereits im März; das intensive Violett der Berg-Anemone fällt zu dieser Zeit im Kontrast mit ihren gelben Staubbeuteln besonders auf. Im Sommer sind dann die diversen Farben der Traganten und das Rosa der Nelken besonders auffällig.

Feuchtgebiete neben der Trockensteppe

Der ausgedehnte Pfynwald, auf dem grossen Schuttfächer des Illgrabens oder weiter westlich als Forêt de Finges, ist einer der ausgedehntesten Föhrenwälder der Schweiz. Für die Biodiversität besonders wertvoll sind die zahlreichen Feuchtgebiete und kleinen Seen im Forêt de Finges. Ideal: Ein Wanderweg (und auch die unten vorgeschlagene Route) schlängelt sich an all diesen Lebensräumen vorbei, und es gibt immer wieder bequeme Orte, um vom Ufer aus das reiche Leben zu beobachten. Besonders auffällig sind die Libellen, von denen manche auf einem Halm ausruhen, während andere auf wilden Verfolgungsjagden durch die Luft schiessen. Nicht weniger als 31 Libellenarten wurden

Neue Auenlandschaft im Leukerfeld

hier gezählt. Von Mai bis Juni kann eine ganze Reihe von Azurjungfern beobachtet werden, etwa die Hufeisen-, die Fledermaus- und die Becher-Azurjungfer. Die Männchen all dieser Arten fallen durch ihren schönen pastellblauen Leib auf; die Unterschiede liegen in der Anordnung von schwarzen Flecken.

Schon Anfang März sind viele Amphibien unterwegs zu ihren Laichplätzen. Dabei suchen sie seit Jahrhunderten die gleichen Plätze auf und wählen auch dieselben Routen dorthin. Ein Verhalten, das leider sehr gefährlich sein kann, sollte der Mensch plötzlich eine Strasse in die Landschaft bauen. Zu den Amphibien der kleinen Seen gehören der Wasserfrosch, der Grasfrosch und die Erdkröte. Sie müssen allerdings alle auf der Hut sein, um nicht Beute der häufig vorkommenden Ringelnatter zu werden. Ausdauer (oder grosses Glück) braucht es, um eine Äskulapnatter zu Gesicht zu bekommen. Sie ist allerdings keine Wasserschlange wie die Ringelnatter; am ehesten entdeckt man sie, wenn sie mit grosser Geschmeidigkeit durch das Wirrwarr von Föhrenzweigen gleitet. Die Äskulapnatter ist eine eigentliche Baumschlange und auf der Suche nach Vogeleiern und Jungvögeln.

Das «Birder»-Paradies Leukerfeld

Östlich von Susten liegt ein zweiter Hotspot der Biodiversität, und zwar nicht nur für das Wallis, sondern für die ganze Schweiz. In aufwendigen Renaturierungen wurden hier einige grössere Weiher angelegt und künstliche Brutwände für einen der schönsten Vögel geschaffen: den Eisvogel. Doch die Natur hatte andere Pläne und statt des Eisvogels kam der Bienenfresser. Mit seinem blauen Bauch, dem Orangebraun im Scheitel und Nacken und dem auffälligen schwarz-weiss-gelben Gesicht fühlt man sich bei seinem Anblick eher in Costa Rica oder im Kongo denn in der Schweiz. Eine Hütte mit Sicht-

▲ Smaragdeidechse
▶ Goldglänzender Rosenkäfer
▶ Esparsetten-Tragant

schutzwand bietet ein ideales Versteck, um in aller Ruhe den Vögeln zuzuschauen. Von einer Sitzwarte auf einem Ast aus unternehmen sie immer wieder kurze Rundflüge, um etwa Bienen und Wespen zu erbeuten. Zurück am «Essensplatz» töten sie die Beute, indem sie sie auf den Ast schlagen, und stachligen Opfern wird auch gleich der Giftstachel entfernt. Die Bienenfresser brüteten 1991 zum ersten Mal hier, 2020 waren gemäss der Schweizerischen Vogelwarte Sempach im Leukerfeld bereits 23 Paare zu Hause – das ist etwa ein Achtel des Bestandes der Schweiz. Sie profitieren vom guten Klima, vom reichen Nahrungsangebot und von den sandigen Wänden, in denen sie ihre Bruthöhlen anlegen können. Die Vögel sind ab Anfang Mai bis Mitte August hier. Das Leukerfeld bietet Vogelfreundinnen aber noch viel mehr, denn es ist einer der artenreichsten Vogel-Lebensräume der Schweiz. Zu den begehrtesten Sichtungen unter «Birdern» an den Teichen des Leukerfelds gehören die Zwergdommel, der Drosselrohrsänger, der Nacht- und der Purpurreiher und auch der Eisvogel.

Erstaunlich: Viele der überaus wertvollen Lebensräume im Pfynwald, an der Rhone und im Leukerfeld waren nicht einfach «immer da», sondern stammen aus Menschenhand. Und ironischerweise war der Startschuss zu einer ganzen Serie von Renaturierungsmassnahmen der Bau der Autobahn A9. Per Gesetz wurde Ersatz für die Bauwunden in der Landschaft gefordert. Zwischen Pfynwald und Rhone etwa wurde der Baumbewuchs entfernt, um die weite Kies- und Sandfläche zu vergrössern. Schon nach fünf Jahren hatten sich Dutzende bedrohte Arten hier wieder angesiedelt: seltene Wildbienen und Grabwespen etwa, die vorher im dunklen Föhrenwald keine Chance hatten. Von der äusserst seltenen Walliser Levkoje (die nur an drei Orten im Wallis zu finden ist) wurden Samen herangespült; die violette kleine Blume gedeiht nur hier prächtig. Auch die Weiher im Leukerfeld wurden als Teil der Ersatzmassnahmen ab 2002 angelegt. Obwohl eine Autobahn schlecht für Landschaft und Klima ist, so zeigen diese Geschichten doch, wie viele Arten durch die Schaffung neuer Biotope zurückkehren können.

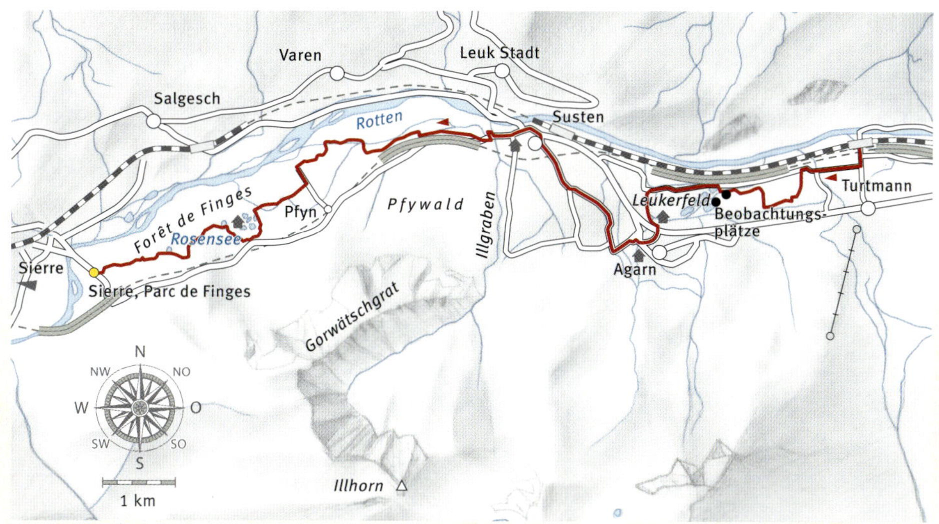

DIE WANDERUNG

Bei so vielen Highlights kann auch die Route, die diese alle erschliesst, nicht kurz sein. Und so dauert die Wanderung von Turtmann nach Sierre immerhin 4 ½ Stunden – etwas lang, will man noch genug Zeit fürs Beobachten haben. Die Wanderung lässt sich aber wunderbar teilen in einen ersten Abschnitt von Turtmann nach Leuk (2 Std.) und einen zweiten Abschnitt von Leuk nach Sierre (2 ½ Std.).

START Bahnhof Turtmann
ENDE Bushaltestelle Sierre, Parc de Finges
ROUTE Via Leukerfeld und Agarn nach Susten und dann durch den Pfynwald und Forêt de Finges an den Stadtrand von Sierre.
LÄNGE 17,5 km
AUFSTIEG 100 m
ABSTIEG 170 m
WANDERZEIT 4 ½ Std.
SCHWIERIGKEIT T1
EINKEHREN Golfplatz Leukerfeld, Agarn, Susten, Buvette beim Rosensee
FÜR FAMILIEN Einfache Route, Veranstaltungen
WICHTIG In den kommenden Jahren wird sich das Wanderwegnetz im Pfynwald stark verändern. Flexibel sein ist dann das Motto.

Weitere Infos

Regionaler Naturpark:
www.pfyn-finges.ch

Bienenfresser

Die Route auf einer digitalen Karte oder als Download für Karten-Apps.

ROTTENSCHWIL AG

⑧ DIE WASSER-PERLEN AN DER REUSS

▲ Haubentaucher am Flachsee
▶ Beobachtungshäuschen am Flachsee
▼ Bei Rottenschwil

In den vergangenen zwei oder drei Jahrzehnten ist in der Schweiz eine ganze Reihe von Flüssen renaturiert worden. Ein besonderes Juwel ist die Reuss zwischen Maschwanden und Bremgarten. Eine Expedition zu Schwertlilien und Erdkröten, Azurjungfern und Eisvögeln.

Nachdem sich die Gletscher vor etwa 12 000 Jahren zurückgezogen hatten, konnte die Reuss in ihrem freigelegten Bett wieder ihre ganze gestalterische Kraft ausleben. Sie mäandrierte hin und her, grub sich immer wieder neue Gerinne und Verläufe und schuf dafür an anderen Stellen Kies- und Sandbänke. Das ganze Tal zwischen dem Lindenberg und der Albiskette war ein grosses, unberührtes Naturparadies, ein kleines Amazonien mitten in der Schweiz. Mit der wachsenden Bevölkerung aber kamen die Probleme, und Überschwemmungen waren nun nicht mehr ein natürliches Element der Natur, sondern eine Gefahr, weil sie Felder, Äcker und Siedlungen überfluteten. Doch erst im 19. Jahrhundert hatte der Mensch geeignete Maschinen, um wirklich grosse Verbauungen an die Hand zu nehmen. Die Kraft der Naturlandschaft schwand und schwand, und 1975 beraubte das Wasserkraftwerk in Bremgarten die Reuss beinahe ihrer letzten Dynamik.

Highlights Eine ganze Serie von renaturierten und neu geschaffenen Auen-Biotopen, reiche Amphibien- und Vogelwelt
Schutzstatus Auenschutzpark Aargau, Moore, Auen- und Amphibienlaichgebiete von nationaler Bedeutung
Jahreszeit Ganzjährig möglich, aber am besten von Frühling bis Herbst

Erst nachdem der grösste Teil der Auenlandschaften in der Schweiz – und damit auch alle der Tiere und Pflanzen dieser Lebensräume – verloren war, setzte langsam ein Umdenken ein. Bereits 1965 rangen sich die Aargauer zu einem Kraftwerks-Baustopp unter-

Stilli Rüss

halb von Bremgarten durch. Der grösste Wurf war die Auenschutz-Initiative 1993. Dank ihr sollte ein Prozent der Kantonsfläche zu Auenschutzgebiet werden. Gestützt darauf wurden in den folgenden 20 Jahren zahlreiche Renaturierungen durchgeführt, aber auch neue Auenlebensräume geschaffen.

In der Nähe

Eine weitere naturnahe Flusslandschaft liegt flussabwärts und unweit von Bremgarten. Bei Eggenwil wurde ein Seitenarm wieder mit der Reuss verbunden und auch ein neuer Seitenarm angelegt. In der Flussschlaufe Hegnau wurden neue Stillgewässer geschaffen. Und der Altarm Toti Rüss wurde wieder zum – oder zu mehr – Leben erweckt, etwa mit der Entschlammung von Weihern und der Anlage von neuen Riedwiesen und Dutzenden von Amphibien-Laichgewässern.

Renaturierungen und neue Auenlebensräume an der Reuss

1 Riedwiese Dorfrüti Zwischen dem Wanderweg und der Reuss breitet sich hier eine schöne Riedwiese aus. Sie wird nur einmal im Jahr geschnitten, und zwar erst im Herbst. So können brütende Vögel hier in aller Ruhe ihre Jungen aufziehen. Im Juni blüht hier die Sibirische Schwertlilie.

2 Ober Schache Zwischen der Reuss und dem Damm mit dem Wanderweg standen lange Zeit Maisäcker. Die wurden aber immer wieder überflutet. Mit einer Schürfkübelraupe wurde der Oberboden hier abgetragen und westlich des Dammes wieder verteilt. Jetzt hat der Bauer dort ein überflutungssicheres Feld und östlich des Dammes gibt es eine neue Auenfläche, die periodisch überflutet wird und dann auch wieder trockenfällt. Das sind wunderbare Lebensräume für die Gelbbauchunke.

3 Bremegrien Hier wurden die Felsblöcke der Uferverbauung entfernt und mit ihnen gleich zwei Inseln gebaut. So konnte die schnurgerade Seitenmauer in ein lebendiges Ufer umgewandelt werden.

4 Studweid und Giriz In den Siebzigerjahren wurde hier die Kleine Reuss in eine Röhre gezwängt, seit 2004 fliesst sie wieder frei in einem natürlichen Bett. Zusätzlich wurden fünf Weiher angelegt. Der Erfolg stellte sich schnell ein – Libellen wanderten ein, der (ausgestorbene) Kleine Rohrkolben gedeiht wieder, und im Sommer sind hier Flussregenpfeifer und Reiherenten unterwegs.

▲ Gelbe Schwertlilie
◄ Grünschenkel
► Stockente

5 Stilli Rüss Sie ist noch immer ganz von der Reuss abgetrennt und wird nur durch Regen- und Grundwasser gespeist. Die Stilli Rüss ist wahrscheinlich das schönste Beispiel eines Fluss-Altwassers in der Schweiz. Hier sind der Sumpfrohrsänger, der Teichrohrsänger und auch die Rohrammer zu Hause, unter den Amphibien sind es Grasfrosch, Wasserfrosch, Erdkröte und Kammmolch. Östlich der Stilli Rüss wurden Flachtümpel angelegt, an denen der Kiebitz beobachtet werden kann.

6 Rottenschwiler Moos Dies ist ein buntes Mosaik aus Riedwiesen, Weihern, Waldstücken und Altläufen. Der grosse Altarm im Nordwesten war stark verlandet; mit Spezialmaschinen wurden die Ablagerungen abgesaugt.

7 Flachsee Ein letztes und für Vogelfreundinnen besonderes Juwel ist der Flachsee, ein besonders breiter Abschnitt der Reuss, der 1975 beim Bau des Kraftwerkdammes in Bremgarten entstand. Vom Beobachtungshäuschen («Hide») an der Ostseite aus können zahlreiche seltene Vögel beobachtet werden, etwa der Grünschenkel und die Bekassine. Auf den künstlich angelegten Kiesinseln, die durch Pflege vegetationsfrei gehalten werden müssen, brüten Flussregenpfeifer und Kiebitze.

▲ An der Reuss

▼ Sumpfgrashüpfer-Larven

▶ Gebänderte Prachtlibelle (Männchen)

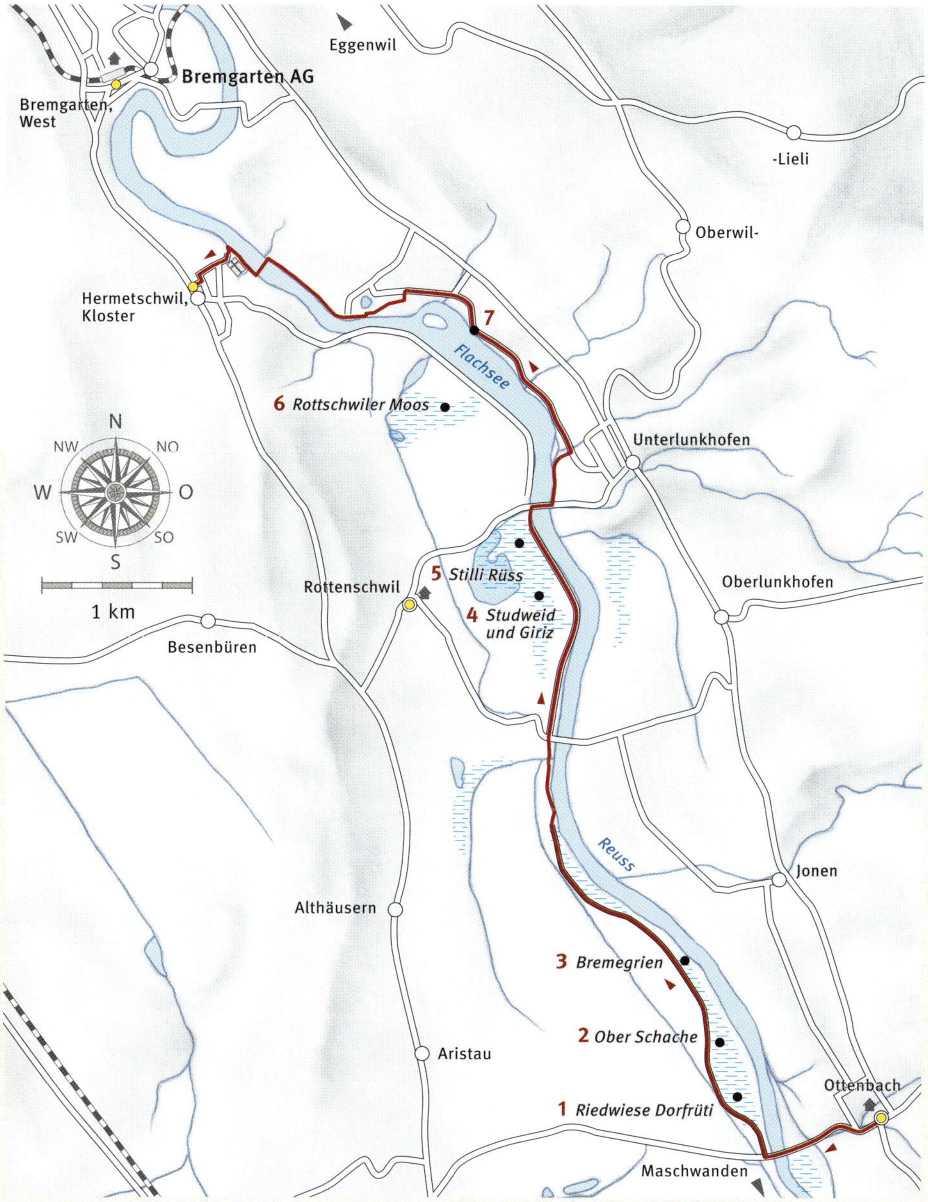

DIE WANDERUNG

Die vorgeschlagene Wanderung lässt sich gut verlängern, entweder mit einem Start in Maschwanden, Dorf (zusätzlich 1¼ Std.) oder einer Verlängerung ins hübsche Städtchen Bremgarten (zusätzlich 1 Std.). An verschiedenen Orten gibt es auch Seitenwege zum Erkunden, beispielsweise der Stilli Rüss entlang, und streckenweise gibt es Varianten links oder rechts der Reuss.

START Bushaltestelle Ottenbach, Zentrum
ENDE Bushaltestelle Hermetschwil, Kloster

ROUTE Über die Reuss, dann nördlich bis Rottenschwil. Hier wieder auf die Ostseite der Reuss, dem Flachsee entlang und nach Hermetschwil.
LÄNGE 10,4 km
AUF- UND ABSTIEG Praktisch eben
WANDERZEIT 2½ Std.
SCHWIERIGKEIT T1
EINKEHREN Ottenbach, Rottenschwil, Bremgarten
FÜR FAMILIEN Einfache Route

Weitere Infos

www.ag.ch mit dem Stichwort «Auenschutzpark», www.stiftung-reusstal.ch

Die Route auf einer digitalen Karte oder als Download für Karten-Apps.

THURAUEN ZH

9 DAS HOCHWASSER KOMMT WIEDER IN DEN WALD

▲ Biber in den Thurauen
▶ In den Thurauen
▼ Blässhühner

Wo vor wenigen Jahren noch ein fadengerades Felskorsett die Thur zum Rhein hin «ableitete», darf der grosse Wildbach der Ostschweiz nach einem Renaturierungsprojekt wieder einen Teil seiner ursprünglichen Lebenskraft ausspielen. Und einige seltene Tier- und Pflanzenarten sind schon wieder da.

Seit einigen Jahren kommt es in den Wäldern im westlichen Bezirk Andelfingen immer wieder zu illegalen Baumfäll-Aktionen. Und das mitten im Naturschutzgebiet! Illegal? Auf jeden Fall – denn die Täter können keinerlei amtliche Papiere vorweisen, die sie auf irgendeine Art bevollmächtigen würden. Im Mittelalter war man sich derartige Frevel ja gewöhnt, aber heute? Die Täter schlagen meist in der Nacht zu. Sie gehen dabei höchst professionell vor und agieren manchmal sogar im Familienverband. Das Erstaunlichste: Sie sind praktisch lautlos und verzichten sogar auf verräterische Sägen. Nur ein Knacken und Krachen durchbricht manchmal die Dunkelheit.

Highlights Eine der grössten renaturierten Auenlandschaften des Mittellandes. Zu den Stars im Gebiet gehören Biber, Eisvogel, Flussregenpfeifer, Laubfrosch und seltene Orchideen.
Schutzstatus Auen- und Amphibienlaichgebiet von nationaler Bedeutung, kantonales Schutzgebiet, Landschaft von nationaler Bedeutung, Waldreservate
Jahreszeit Am besten April bis Oktober

Inzwischen ist das Rätsel gelöst: Die Täter aus dem Clan der Biber nagen mit ihren baren Zähnen an den Rinden und den Stämmen. Und das ist gut, sogar sehr gut. In früheren Zeiten wurden Biber als «Schad-Tiere» und Pelzlieferanten gnadenlos gejagt. Anfang des 19. Jahrhunderts ausgerottet, tauchten sie ab den späten Siebzigerjahren wieder in den Wäldern

See in den Thurauen

beim Zusammenfluss von Thur und Rhein auf. So wohl ist es ihnen hier inzwischen, dass es 2020 wieder zehn Reviere gab, darunter sind acht von Familien besetzt.

Wie war dieser schöne Erfolg möglich? Um die Jahrtausendwende machten sich Experten Gedanken, wie man den Hochwasserschutz auf den letzten Kilometern der Thur vor der Einmündung in den Rhein verbessern könnte, besonders zum Schutz des Flaacherfelds. Eine simple Erhöhung der seitlichen Dämme war aber nicht die Lösung. Denn alle wissen, dass es um die Arten- und Lebensraumvielfalt in der Schweiz schlecht steht. Und das betrifft Auenlandschaften ganz besonders – über 90 Prozent davon hat der Mensch in den letzten ein- oder zweihundert Jahren zerstört, und damit auch die Lebensgrundlagen für unzählige Tier- und Pflanzenarten. Damit war klar, dass beim Projekt nicht nur Wasser gebändigt werden sollte. Im Gegenteil! Das Wasser sollte seine Kraft und seinen Raum wieder zurückerhalten. Man wollte die ehemalige Auenlandschaft aufwerten und zudem neue und spannende Erlebnismöglichkeiten für den Menschen schaffen.

Mehr Platz für beide: Mensch und Natur

Zwischen 2008 und 2017 fuhren die Baudirektion des Kantons Zürich und weitere Projektträger mit 54 Millionen Franken und grossem Gerät auf. Alte Felsblock-Verbauungen an den Flussufern wurden auf mehreren Kilometern eingerissen. Ausgetrocknete Altwasserläufe wurden ausgehoben und so mit dem Fluss verbunden, dass sie bei Hochwasser wieder überflutet werden. Bäche wurden renaturiert, und an zahlreichen Orten wurden Wiesen aufgewertet, sodass sie möglichst weit weg einer «Löwenzahn-Wüste» sind und mit ihrem bunten Blütenmix zahlreiche Insekten und andere Tiere anlocken mögen. Und schliesslich entstanden für die menschlichen Besucher zahlreiche Entde-

◀ Vierfleck
▶ Postillon / Grosses Posthörnchen

ckungs- und Erholungseinrichten sowie als Start- und Angelpunkt das Naturzentrum bei der Rüdlinger Brücke.

Was hat es gebracht? Alle paar Jahre werden die wichtigsten Artengruppen von Fachleuten angeschaut, von Amphibienkennern, von Insekten-Expertinnen, von Botanikern und anderen. Ein Blick in diese Monitoring-Reports fördert viele Erfolgsgeschichten zutage, zeigt aber auch, dass die Natur nicht immer auf Knopfdruck zurückkehrt.

Was hat die Thurauen-Renaturierung gebracht?

Magerwiesen Sehr gut haben sich die Wiesen im Gebiet Farhau entwickelt. Sie wurden mit Schnittgut von bereits bestehenden, artenreichen Wiesen «besamt». Es konnten hier weit über 100 Pflanzenarten gezählt werden, darunter viele gefährdete und geschützte Arten wie das Grosse Zweiblatt, die Spitzorchis und die Schopfige Kreuzblume.
Andere Wiesen wurden im Sinne von Versuchen bewusst anders behandelt. Dabei zeigte sich besonders, dass eine nährstoffreiche Oberbodenschicht das Aufkommen einer grossen Artenvielfalt auf lange Zeit unterdrücken kann. Da hilft nicht einmal eine jahrelange extensive Bewirtschaftung. Einmal gedüngt, auf lange Zeit verloren, könnte man sagen.

Amphibien Alle 19 neu angelegten und untersuchten Weiher und Mulden wurden rasch besiedelt, je nach Amphibienart aber doch sehr unterschiedlich schnell. Besonders der Springfrosch hat sofort profitiert und alle 19 Weiher besiedelt. Auch der Wasser- und der Laubfrosch sowie der Bergmolch konnten in (fast) allen Weihern entdeckt werden. Einige Arten breiten sich jedoch zögerlicher aus – der Fadenmolch fand sich nur in zwei Weihern, und die Erdkröte, die Kreuzkröte und die Gelbbauchunke gar nur in einem. Hier ist aber

Natur-Tipp
Vor der Wanderung lohnt sich ein Besuch des Naturzentrums Thurauen. Hier gibt es eine interaktive Ausstellung und einen Bücher-Shop. Draussen geht es auf einem Luftsteg direkt in den Auenwald und es bieten sich erste Möglichkeiten, Libellen, Frösche oder Ringelnattern zu entdecken. Angeschlossen sind ein Restaurant, eine Fluss-Badi und ein Camping. Das Naturzentrum öffnet in der zweiten Märzhälfte und ist bis fast Ende Oktober geöffnet (genaue Daten auf www.naturzentrum-thurauen.ch).

▲ Landkärtchen
▶ Zitronenfalter
▼ Gemeine Keiljungfer

anzufügen, dass für viele Weiher die Entwicklung und Besiedelung gerade erst begonnen hat – Geduld und Zuversicht sind hier gefragt.

Libellen Es konnten bereits 24 Libellenarten an den untersuchten Gewässern gefunden werden. Zu den häufigsten gehören die Hufeisen-Azurjungfer, der Vierfleck, die Grosse Königslibelle und die Gemeine Heidelibelle. Man darf damit rechnen, dass mit der Entwicklung der Gewässer und ihrer Vegetation auch die Artenzahl noch steigen wird. Eine Spezialität ist die Sumpf-Heidelibelle. Ihr Gefährdungsgrad in der Schweiz wird als «verletzlich» eingestuft. Sie braucht Gewässer mit natürlichen Wasserstandsschwankungen, also genau das, was mit den revitalisierten Seitenarmen der Thur erreicht wurde.

Tagfalter Für die Schmetterlinge sind magere, blütenreiche Wiesen überlebenswichtig, denn nur hier finden sie genügend Nektar, und nur hier finden ihre Raupen genügend Futterpflanzen. Sehr wertvoll sind Leguminosen, also Hülsenfrüchtler wie Wicken-, Klee- und Spitzkielarten. Es ist darum auch wichtig, Wiesen entsprechend zu pflegen, also mit wenig oder keiner Düngung und erst mit einer späten Mahd.

See in den Thurauen

Im Gebiet Inslen gibt es solch schöne Schmetterlingswiesen und lichte Wälder. Expertinnen konnten hier fast 30 Schmetterlingsarten feststellen. Sie halten aber auch fest, dass die ursprüngliche Artenvielfalt, wie sie vor 100 Jahren noch bestand, wohl für immer erloschen ist. Der Naturforscher Friedrich Ris konnte zwischen 1917 und 1930 noch 80 Tagfalterarten vermerken!

Vögel Zu den Rückkehrern unter den Vögeln gehört der Flussregenpfeifer, der in den Thurauen nun jedes Jahr brütet. Eine wunderbare Erfolgsstory ist auch vom Eisvogel zu berichten. In den frühen Neunzigerjahren gab es im Gebiet jeweils nur ein oder zwei Paare, in manchen Jahren auch gar keins. 2020 konnten nun bereits zwölf Brutpaare gezählt werden. Sie brauchen sandige Steilwände an den Flussufern, in denen sie ihre Brutröhren graben können. Um den Vögeln unter die Flügel zu greifen, wurden solche Brutwände auch künstlich geschaffen, indem der kompakte Ufersand abgespatet wurde – mit grossem Erfolg.

Leider gibt es aber wiederholt Probleme mit Störungen durch Besucher. Immer wieder gibt es solche, die sich nicht an die Schutzverordnung halten. Wird es Eisvögeln mit solchen Störungen durch Menschen zu viel, geben sie die Brut auf. Allein im Jahr 2020 kam es auf diese Weise zu fünf Brutausfällen. Es ist deswegen sehr wichtig, sich an die Schutzregeln zu halten und nicht unnötig Lärm zu produzieren.

▲ Lichter Föhrenwald bei Inslen
▼ Winterliche Überflutung des Waldes

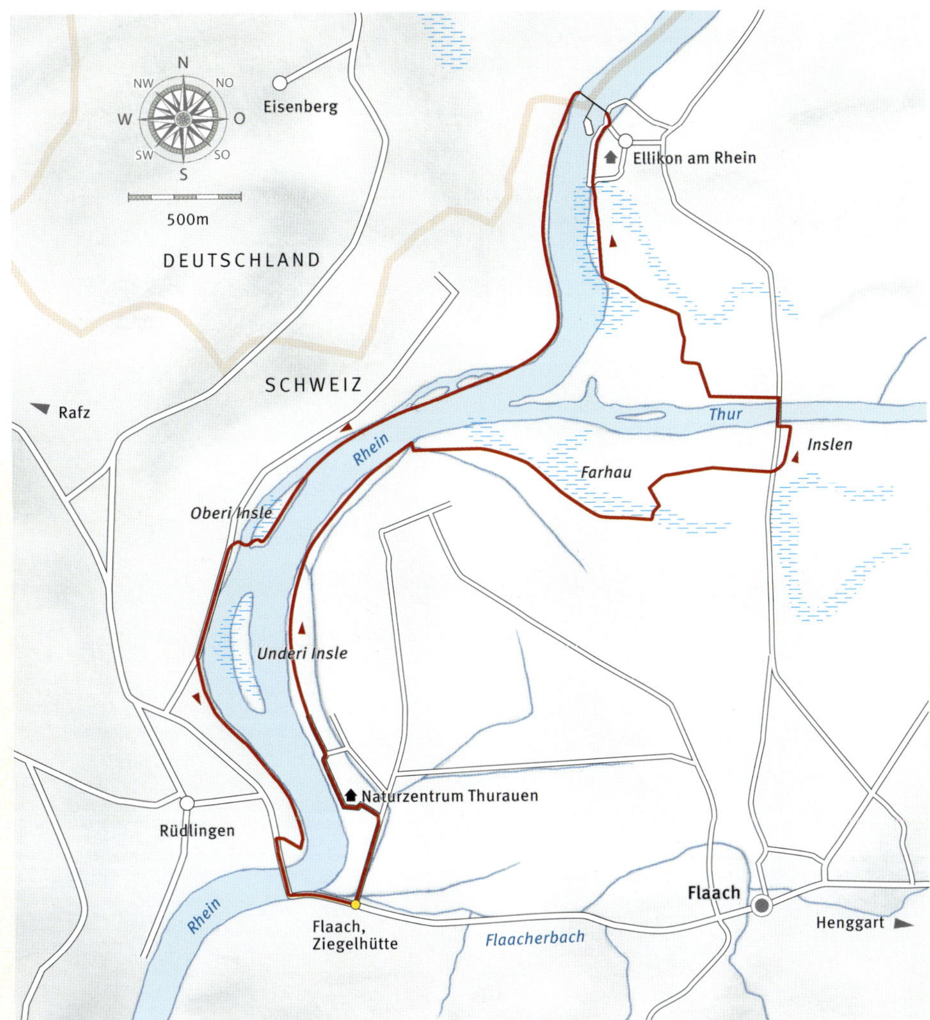

DIE WANDERUNG

Diese Tour ist die wahrscheinlich ergiebigste Rundwanderung in den Thurauen; sie führt durch die Auenwälder auf beiden Seiten der Thur mit ihren Magerwiesen, Feuchtwiesen und Tümpeln sowie entlang den neuen Seitengewässern auf der Westseite des Rheins. Zudem kann man zu Beginn der «Auenexpedition» gleich noch das Naturzentrum Thurauen besuchen.

START UND ENDE Bushaltestelle Flaach, Ziegelhütte
ROUTE Via Naturzentrum dem Rhein entlang und zur Thurbrücke. Nun auf der Nordseite der Thur nach Ellikon am Rhein, mit der Fähre über den Fluss und auf dessen Westseite zurück zum Ausgangspunkt.
LÄNGE 11,9 km
AUF- UND ABSTIEG Praktisch eben
WANDERZEIT Ca. 3 Std.

SCHWIERIGKEIT T1
EINKEHREN Naturzentrum, Ellikon
FÜR FAMILIEN Einfache Route, Naturzentrum mit Veranstaltungen und Badi
FÄHRE Die Rhein-Fähre in Ellikon verkehrt von Ende April bis Mitte Oktober. Ausserhalb dieser Zeit ist die Route anzupassen (www.rheinfaehre-ellikon.ch).

Weitere Infos

Naturzentrum Thurauen: www.naturzentrum-thurauen.ch; Thurauenprojekt: www.zh.ch mit dem Stichwort «Thurauen»

Die Route auf einer digitalen Karte oder als Download für Karten-Apps.

▲ Mauereidechsen
▶ Im Reussdelta

REUSSDELTA UR

⑩ VOM SORGENKIND ZUM VORZEIGEPROJEKT

Das Reussdelta bei Altdorf ist eine der ökologisch wertvollsten Flussmündungen unseres Landes. Und es zeigt, wie das Neben- und Miteinander von Schutz und Nutzung aussehen kann.

Die Reuss in der Urner Talebene war lange Zeit ein Sorgenkind. Wiederholt kam es zu verheerenden Überschwemmungen, weshalb der Fluss ab 1850 kanalisiert wurde. In der Folge vermochte die Reuss Geröll und Geschiebe nicht mehr bis in den See zu transportieren. Diese blieben im Flussbett liegen – was zu neuen Überschwemmungen führte. Also verlängerte man den Kanal bis weit in den See hinaus. Doch das brachte wieder andere Schwierigkeiten, denn nun hatte man ein steil abfallendes Ufer, welches die heranbrausenden Wellen wegerodierten. Stellenweise gingen 300 Meter Land verloren.

In den Siebzigerjahren kamen neue Themen und Probleme dazu: Der Bau der Autobahn zerschnitt das Delta und zerstörte Teile der Riedlandschaft – damals zählte der Naturschutz hinter den Interessen der Wirtschaft und der Landwirtschaft sehr wenig. Doch das zurückweichende Ufer drohte irgendwann die Autobahn zu erreichen. Ein grosser Plan war gefragt. Zudem stand eine Neukonzessionierung des problematischen Kiesabbaus durch Baggerschiffe an. Und Naturschutzorganisationen hatten Pachtland im Delta und damit auch Mitspracherechte.

Highlights Renaturiertes Mündungsgebiet der Reuss, künstliche Inseln für Vögel, Naturlehrpfad, Aussichtsturm und Bademöglichkeit

Schutzstatus Kantonales Naturschutzgebiet, Auengebiete, Moore und Amphibienlaichgebiete von nationaler Bedeutung

Jahreszeit Besuch ganzjährig möglich. Aktive Zeit der Amphibien: März bis Juli, Brutzeit der Vögel: März bis August

▲ Reussdelta mit Vierwaldstättersee
▶ Flussregenpfeifer

Alle Akteure setzten sich an einen Tisch und erarbeiteten gemeinsam einen Plan. Er sollte die Ansprüche des Wasserbaus, der Landwirtschaft, des Naturschutzes und auch der Erholungssuchenden unter einen Hut bringen. Heute kann man sagen, dass das ziemlich gut gelungen ist. Die Mündungsarme der Reuss wurden wieder geöffnet, grössere Gebiete renaturiert (und sogar Inseln für Vögel aufgeschüttet) und für die Besucher und Badenden wurden attraktive Orte errichtet. Noch immer gibt es mitten im Delta intensiv genutzte Fettwiesen, aber dennoch: Angesichts der Komplexität aller Ansprüche können sich das Resultat und damit der Gewinn für die Natur durchaus sehen lassen.

Eine Kreatur wie aus einer anderen Welt

Das zeigt sich etwa bei der Fischvielfalt. Während 2001 noch elf Arten gezählt wurden, sind es heute um die 30 Arten. Sie reichen von der fingergrossen Elritze bis zum über einen Meter langen Hecht. In einigen Gewässern lebt sogar das gefährdete Bachneunauge – eine Kreatur voller unglaublicher Geschichten. Bachneunaugen sind nämlich nicht eigentliche Fische, sondern Vorläufer von diesen, und es gab sie bereits vor 500 Millionen Jahren. Ihre Wirbelsäule besteht nicht aus Wirbeln, sondern lediglich aus Bindegewebe, und auch sonst haben sie keine Knochen. Am ungewöhnlichsten ist aber ihre Lebensweise – sie erinnert mehr an Insekten denn an Fische. Die abgelegten und befruchteten Eier sinken in ein kiesiges Bachbett. Innert weniger Tage schlüpfen aus ihnen kleine Larven, Querder genannt. Diese lassen sich etwas abtreiben und nisten sich in Sand, Schlamm oder verrottetem Laub ein. Hier wachsen sie zu wurmähnlichen Kreaturen (ohne Augen) heran und verharren so an Ort und Stelle für drei bis fünf Jahre. In einer Metamorphose entstehen aus ihnen schliesslich erwachsene Bachneunaugen. Diese haben nun zwei Augen und eine Saugscheibe, aber keinen Verdauungstrakt mehr. Denn sie essen in ihrem kurzen

Erwachsenenleben nicht mehr. Nachdem sie sich gepaart haben und die Eier abgelegt sind, sterben sie.

In der Schweiz ist das Bachneunauge stark gefährdet. Der Grund dafür ist vor allem die Verbauung von kleinen Bächen; auch reagieren sie sehr empfindlich auf Wanderhindernisse. Deswegen ist es sehr wichtig, möglichst viele Kleingewässer zu revitalisieren, Schwellen zu entfernen und die Gewässer zu vernetzen. Im Reussdelta hat man gute Chancen, die Bachneunaugen zu entdecken. Am erfolgversprechendsten ist der April, etwa auf der Brücke zwischen Schanz und Seematt, im Klosterbach bei der Badi in Seedorf und im Giessen (zwischen Schützenrüti und Allmend).

Das Delta ist für viele Amphibien der wichtigste Lebensraum im Kanton Uri. Trotzdem sind sie nicht sehr verbreitet im Delta; die seenahen Gewässer sind bereits von den Fischen eingenommen und die seefernen Gewässer bergen ein hohes Austrocknungsrisiko. Trotzdem leben im Delta auch Seltenheiten wie Gelbbauchunken, Faden- und Bergmolche sowie Feuersalamander.

Bei den Vögeln wurden fast 230 verschiedene Arten gezählt, davon brüten etwa 40 Arten im Gebiet. Für Zugvögel, die die Gotthardroute wählen, ist das Reussdelta der letzte Rast- und Futterplatz – und für die nach Norden fliegenden Vögel der erste nach der anstrengenden Überquerung der Alpen. In von Büschen durchwachsenen Schilfflächen lebt die Rohrammer. Ihre Bestände sind allerdings, wie andernorts in der Schweiz, rückläufig. Zu den Zielarten für das Management des Gebiets gehört die seltene Bekassine. Sie braucht als Brutplatz Feuchtgebiete, die mit Tümpeln und Gräben durchsetzt sind.

Ein schöner Erfolg sind die Bruten von Flussregenpfeifern auf den aufgeschütteten Inseln. Sie begannen dort im Jahr 1990, Junge aufzuziehen. Allerdings gibt es auch Rückschläge, und die hängen unter anderem damit zusammen, dass die Vögel sehr störungsanfällig sind. Auf der Badeinsel Lorelei kam es sogar zu traurigen Vorfällen. Denn wenn die Vögel wetterbedingt spät brüten, schlüpfen die Kleinen erst, wenn schon die ersten Badenden von der Insel Besitz ergreifen.

N
NW
NO
W
O
SW
SO
S
500m
Urnersee
Flüelen
Allmend
Schützenrüti
Seematt
Reussdeltaturm
Schanz
Bad
Giessen
Seedorf, Seehof
Bad
Reuss
Kloster-bach
Unterdorf
Seedorf

▲ Auenwald

▼ Stockenten-Familie

DIE WANDERUNG

Das Reussdelta ist nicht die Region für grosse Touren. Aber das braucht es hier gar nicht. Mit dem Wegenetz und den Beobachtungsmöglichkeiten lässt sich hier ein spannender Biodiversitäts-Tag gestalten.

START UND ENDE Bus oder Bahn bis Bahnhof Flüelen oder Schiff bis Flüelen (See)

ROUTE Auf dem Weg der Schweiz bis zum Bad in Seedorf und auf leicht anderen Wegen zurück.

LÄNGE 6,3 km

AUF- UND ABSTIEG Eben

WANDERZEIT Ca. 1½ Std.

SCHWIERIGKEIT Keine

EINKEHREN Flüelen, Badi Seedorf

FÜR FAMILIEN Einfache Route, Bademöglichkeit

Weitere Infos

www.reussdelta.ch

Die Route auf einer digitalen Karte oder als Download für Karten-Apps.

◀ Haubentaucher

▶ Bekassine

VALLE MAGGIA TI

⑪ AUENLANDSCHAFT AM WILDESTEN FLUSS EUROPAS

▲ Smaragdeidechse
▶ Seelein und Flusslandschaft im Valle Maggia

Im unteren Maggiatal, nur wenige Kilometer von Locarno, erstreckt sich mit mehr als 20 Kilometern eine der längsten und die wahrscheinlich wildeste Auenlandschaft der Schweiz. Die Kiesbänke und Gebüsche sind idealer Lebensraum für angepasste Arten – wie etwa den sehr seltenen Flussuferläufer oder die Smaragdeidechse.

Die Maggia hat es faustdick hinter den Ohren. Während sie in trockenen Perioden als knietiefes Wässerchen durch ihr Bett gurgelt, kann sie nach heftigen Regenfällen zum alles mitreissenden Fluss werden. Innert weniger Stunden kann ihre Wassermenge um das fast 5000-Fache anschwellen; im August 1978 stieg ihr Wasserstand an einem Tag um 11 Meter an. Die Maggia wird auch als der gewaltigste Fluss Europas bezeichnet.

Derlei unfassbare Kräfte zerstören viel Lebensraum. Aber solche Ereignisse sind normal bei einer dynamischen Flusslandschaft, und so schaffen sie auch neuen Lebensraum, indem die Wassermassen Geröll mitreissen und an neuen Orten ablagern und indem sie Teile des Auenwaldes überfluten – oder gleich umlegen. Derart werden ständig neue Flächen geschaffen, auf die Pionierarten angewiesen sind. Im Sand sind die Trichter von Ameisenlöwen auszumachen, die am Grund auf herabkullernde Ameisen warten. Wolfsspinnen sind die Sprinter unter den Jagdspinnen und schiessen aus ihren Hinterhalten auf die Beute. Die Würfelnatter kommt in der Schweiz (natürlicher-

Highlights Ausgedehnte und wilde Auenlandschaft mit vielen Kiesbänken und renaturierten Gebieten; reiche Insekten-, Reptilien- und Vogelwelt
Schutzstatus Geschützte Auenlandschaften, Amphibienlaichgebiete von nationaler Bedeutung
Jahreszeit Circa April bis Oktober

▲ Weissfleck-Widderchen
▶ Flussuferläufer
▼ Pinselkäfer

weise) nur im Tessin vor – auch im Maggiatal. Die hübsche und ungefährliche Schlange mit den würfelförmigen Flecken ist in der Schweiz stark gefährdet. Der Hauptgrund ist, dass zahllose Kilometer von Bach-, Fluss- und Seeufern verbaut wurden oder ihre Lebensräume – Tümpel und Weiher – zerstört wurden. Darum müssen noch erhaltene Biotope unbedingt geschützt, aber auch neue geschaffen werden. Sehr bewährt haben sich Haufen aus verrottendem Material: Äste, Laub und Holzreste. Solche Orte sind bei den Würfelnattern sehr beliebt als Eiablage- und Überwinterungsplätze. Unter den Pflanzen in den Sand- und Kiesflächen findet man das Kriechende Gipskraut, die Deutsche Tamariske und das Graue Zackenmützenmoos.

Auch die Westliche Smaragdeidechse, die grösste und wohl schönste Eidechsenart der Schweiz, ist an der Maggia zu Hause. Ihr ist es dort am wohlsten, wo es neben einer dichten Krautschicht auch Steinhaufen oder Trockenmauern zum Sonnenbaden gibt. Besonders die Männchen fallen durch ihre grüne Färbung auf, und zur Fortpflanzungszeit ist ihre Kehle sogar blau. Die Weibchen sind kleiner und können statt eines grünen auch ein bescheidenes graues Kleid anziehen. An heissen Tagen sind die Tiere nur morgens aktiv, vor allem zwischen 9 und 11 Uhr. Im Wallis und im Tessin gibt es noch gute Populationen der Smaragdeidechse; am meisten ist die Art im Kanton Waadt bedroht, vor allem im intensiv genutzten Rebgelände.

Bei Saligin

Private Plätze für einen scheuen Vogel

Eine ganz grosse Seltenheit und wahre Trouvaille für alle befeldstecherten Wanderer ist der Flussuferläufer. Vom etwa 20 cm grossen Vogel gibt es in der Schweiz noch etwa 80 Paare. Alle Brutplätze im Mittelland, die früher besetzt wurden, sind heute verwaist – lange Flussabschnitte mit weiten Kies- und Geröllbänken sind hier zu selten geworden, oder die Vögel werden vom Brätel- und Badebetrieb der Menschen verscheucht. Die meisten verbliebenen Reviere gibt es im Vorderrheintal und im Oberengadin; im Maggiatal brüten gerade mal ein oder zwei Paare. Damit die Vögel zur Brutzeit von April bis Juni Ruhe haben, werden einige Abschnitte des Flussbetts der Maggia gesperrt. Die Paare legen ihre Eier direkt in das Kiesbett. Werden die Vögel zu oft von Menschen oder Hunden gestört, geben sie das Gelege auf und die Brut ist verloren. Darum ist es wichtig, dass sich Wanderer und Erholungssuchende an die Lenkungstafeln halten.

Der Talboden des Valle Maggia ist mit seinen Auenbiotopen ein äusserst wertvoller Lebensraum. Das zeigt auch die schiere Zahl an Pflanzen und Tieren; beispielsweise wurden hier 600 Nachtfalter- und 125 Tagfalterarten identifiziert, daneben 20 Libellenarten, 17 Fledermausarten und nicht weniger als 73 Vogelarten. Wer mit einer guten Kamera und einer Portion Leidenschaft und Geduld hierherkommt, hat beste Chancen, mit einer Speicherkarte voller eindrück-

Natur-Tipp

Einer der ergiebigsten Orte für Naturfotografinnen befindet sich bei Saligin. Im Rahmen von Renaturierungsmassnahmen ist hier eine schöne Weiherlandschaft geschaffen worden. Mit den angrenzenden extensiv genutzten Wiesen ist dies ein besonders wertvoller Ort für die Biodiversität.

▲ Würfelnatter
▶ Alpenbock
▶ Streifenwanze
▶ Hirschkäfer

licher Bilder nach Hause zu kommen. Immer wieder kommt man allerdings auch an Plätzen vorbei, an denen invasive Neophyten wie das Drüsige Springkraut, das Einjährige Berufkraut und der Verlotscher Beifuss fast alle einheimischen Pflanzen verdrängt haben.

Eine Wanderung, die einem genug Zeit zum Sehen und Entdecken gibt, führt von Someo nach Maggia. Kaum gestartet, geht es auf einer 400 Meter langen Hängebrücke über das weite Bachbett. Ein idealer Ort, um von oben ein erstes Mal nach Reptilien im Flussbett Ausschau zu halten – und gleichzeitig ist die Brücke so hoch angelegt, dass man sich beinahe auf einem Baumwipfelpfad fühlt. Auf dem Weg flussabwärts führt die Route auch durch einige alte Gehöfte, A Rèus und Da Lògh etwa, in denen gegen das Verwalden der Lichtungen gekämpft wird.

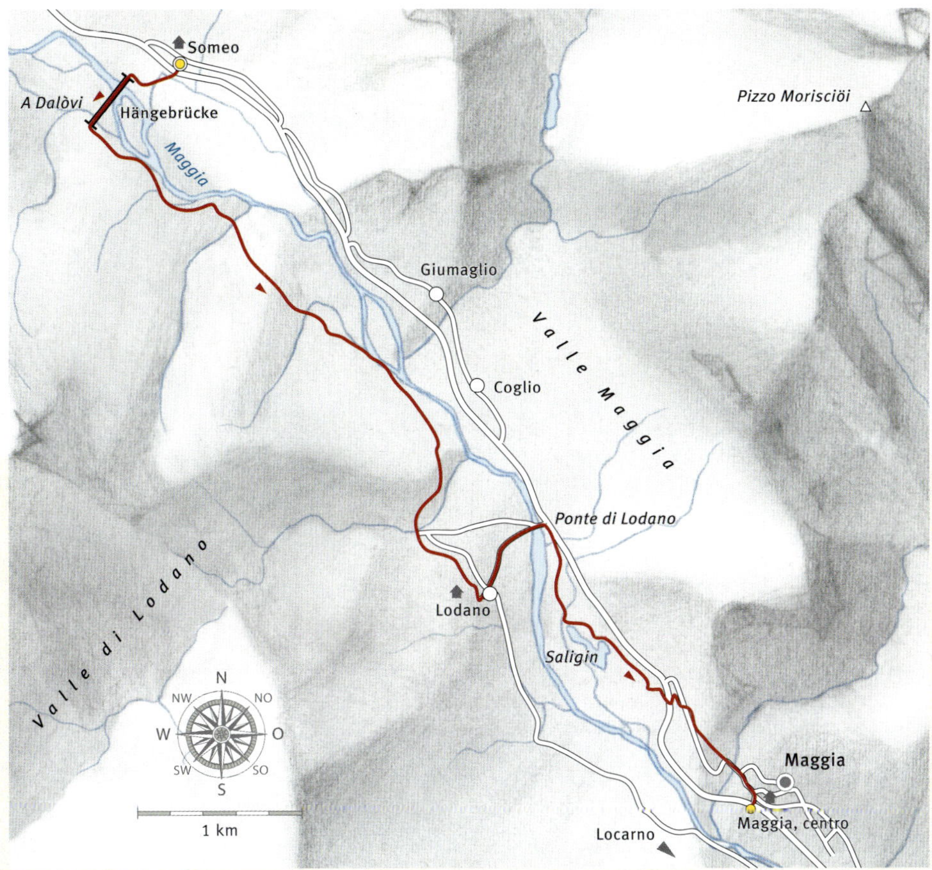

DIE WANDERUNG

Die nicht zu lange Wanderung von Someo nach Maggia führt durch alle grösseren Lebensräume des Maggiatals. Nicht übersehen: Gleich nach dem Start, noch vor der Maggia, liegt linkerhand ein Naturlehrpfad, aufwendig auf einem Steg geführt. Bitte unbedingt die Abschrankungen zum Schutz der im Flussbett brütenden Vögel beachten und einhalten.

START Bushaltestelle Someo
ENDE Bushaltestelle Maggia, centro
ROUTE Über die Hängebrücke und südöstlich bis Lodano. Hier die Flussseite wechseln und ins Dorf Maggia.
LÄNGE 8,3 km
AUFSTIEG 100 m
ABSTIEG 140 m
WANDERZEIT Ca. 2¼ Std.
SCHWIERIGKEIT T1
EINKEHREN Someo, Lodano, Maggia
FÜR FAMILIEN Einfache Route, imposante Hängebrücken, Bademöglichkeiten (wo erlaubt)

Tipp

Im Gebiet sind neuerdings Auenanimatorinnen unterwegs. Von diesen erfahren Sie viel Wissenswertes zu Tieren und Pflanzen. Das Projekt wird von den Talgemeinden getragen und soll durch Sensibilisierung auch dem Schutz der Auenlandschaft dienen.

Weitere Infos

Flussuferläufer: www.artenfoerderung-voegel.ch und www.bafu.admin.ch mit Stichwort «Flussuferläufer»;
Würfelnatter: www.karch.ch mit Stichwort «Würfelnatter»

Die Route auf einer digitalen Karte oder als Download für Karten-Apps.

SAMEDAN UND BEVER GR

⑫ EIN FLUSS ZIEHT UM – UND SELTENE ARTEN ZIEHEN EIN

▲ Flussregenpfeifer
▶ Seenlandschaft bei Samedan

Zwischen Pontresina und Bever wurde vor einigen Jahren ein ganzer Fluss umgesiedelt. Es ist ein Paradebeispiel, wie Hochwasserschutz und Revitalisierung Hand in Hand gehen können; in den neuen Lebensräumen haben sich schnell wieder seltene und bedrohte Arten angesiedelt.

Im Internet lassen sich mühelos die alten Landeskarten der Schweiz abrufen. So kann man sich beinahe Jahr für Jahr durchklicken und die Veränderungen in der Landschaft bis ins kleinste Detail verfolgen. Und da stösst man mitunter auf merkwürdige Dinge. Ganze Flüsse können plötzlich herumspringen. So gesehen und offenbar so geschehen im Oberengadin: Der Flaz floss 2002 von Punt Muragl nordwestlich nach Samedan; ein Jahr später machte er in Punt Muragl eine scharfe Rechtskurve und floss nun nordöstlich und neu am rechten statt linken Rand der Talsohle talwärts. Was war geschehen?

Seit Hunderten von Jahren überschwemmten Inn und Flaz nach Regen und Schneeschmelze immer wieder die Wiesen. Zwar wurden zum Beispiel in Bever bereits 1850 erste Dämme gebaut, die aber immer wieder brachen. Allein in den Fünfzigerjahren kam es zu fünf Überschwemmungen – die nicht nur Wasser brachten, sondern auch ihre Sand- und Geschiebefracht auf den Feldern und Wiesen ablagerten. Wirksame Dämme bestanden erst ab 1962. Doch irgendwann kamen sie ins Alter; sie bekamen Risse und das Fundament erodierte weg. Eine neue Lösung war gefragt.

Highlights Grossräumig umgebaute und renaturierte Flusslandschaft; Brutgebiet seltener Vögel wie Flussregenpfeifer und Flussuferläufer
Schutzstatus Auenlandschaft, Amphibienlaichgebiete und Flachmoor von nationaler Bedeutung
Jahreszeit Mai bis Oktober

▲ Inn bei Bever
▶ Kreuzotter

Bei den ersten Dämmen zählte Naturschutz noch nichts – es ging um den Schutz vor Hochwasser und die Gewinnung von Landwirtschaftsland. Inzwischen stand es aber um Lebensräume und Artenvielfalt viel schlechter und eine Sanierung musste naturverträglich, oder lieber noch naturförderlich sein. So beschloss man ein ganzes Bündel von Massnahmen. Der Flaz wurde verlegt, sodass allfällige Hochwasser keinen Schaden mehr in Samedan anrichten, sondern ihre Kräfte am Ostrand der Talsohle auslassen konnten. Das alte Flaz-Bett wurde zu einem harmlosen Bach umgestaltet. Zugleich wurden der Inn und der neue Flaz naturgerecht aufgewertet. Bei Bever etwa wurde die Mündung des Beverin verbreitert, der Inn wurde (nach dem Einfluss des Flaz) auf mehreren Kilometern Länge aufgeweitet und revitalisiert. Abgeschnittene Stillgewässer sind nun wieder Teil der Flusslandschaft und kleine neue Tümpel und Weiher wurden geschaffen.

Eine neue Heimat für Flussregenpfeifer und Flussuferläufer

Besonders im Raum Bever kann man diese eindrückliche revitalisierte Flusslandschaft aufs Schönste erwandern. Auf den Kiesbänken im und am Inn hat man dabei beste Chancen, zwei seltene Vogelarten beobachten zu können: den Flussuferläufer und den Flussregenpfeifer. Vom Flussuferläufer gibt es in der Schweiz gerade noch etwa 70 bis 90 Brutpaare. Etwa ein Fünftel dieses Bestandes lebt im Oberengadin; hier sind sie auf die wenig bewachsenen Kiesbänke angewiesen, in denen sie ihre Brutmulden anlegen. Wachsen solche Kiesbänke vollständig zu, verlieren sie ihren Wert als Lebensraum. Es ist darum wichtig,

Natur-Tipp

Im Frühling, nach der Schneeschmelze, lohnt es sich, in felsigen und spärlich bewachsenen Böschungen nach der Kreuzotter Ausschau zu halten. Den Winter hat sie in frostsicheren Spalten und Löchern verbracht, jetzt ist sie aber hungrig, will in der Sonne Wärme tanken und ist auch bereit für die Paarung. Die Kreuzotter war in den alten Dämmen (vor der Revitalisierung) in guten Beständen vorhanden; darum hat man die Tiere vor den Bauarbeiten eingefangen und umgesiedelt und am neuen Inn extra für sie Lebensraum gebaut, etwa Steinhaufen mit einer Mulde darunter. Wer am Inn auf Kreuzotterpirsch ist, sollte sich sehr langsam bewegen und besonders auf besonnte, schwach bewachsene Stellen zwischen Felsbrocken achten.

dass mit Hochwassern immer wieder neue Bänke entstehen. Das ist in einem kanalisierten Fluss nicht möglich, im renaturierten Inn aber schon. Ein weiterer Brutvogel auf den Kiesbänken ist der Flussregenpfeifer. Von ihm gibt es in der Schweiz noch etwa 90 bis 120 Paare. Seine Eier legt er zwischen die Steine im offenen und praktisch unbewachsenen Geröll und hofft auf die Tarnung der Eierschale.

Beide Vogelarten reagieren sehr empfindlich auf Störungen. Immer wieder gehen Gelege durch herumlaufende Hunde verloren oder die Elterntiere geben es auf, weil sie durch Fischer, Spaziergänger oder Brätler gestört werden. Damit die Vögel ihre Jungen erfolgreich aufziehen können, werden solche Kiesbänke deshalb manchmal mit Bändern und Tafeln abgesperrt. Zur Brutzeit sollte man die Tiere ausserdem unbedingt nur aus grösserer Distanz beobachten – und nicht möglichst nahe herangehen.

Die Kiesbänke offenbaren aber noch eine weitere Überraschung. Hier gedeiht nämlich eine äusserst seltene Pflanze: die Deutsche Tamariske. In Deutschland und Österreich ist sie vom Aussterben bedroht, und auch in der Schweiz wächst der unscheinbare Strauch nur noch im Engadin in bedeutenden Zahlen. Die Deutsche Tamariske ist eine bemerkenswerte Pionierpflanze – dank tiefer Wurzeln hält sie Hochwassern stand, erträgt es, mit Steinen zugeschüttet zu werden und kommt schliesslich auch noch mit Trockenheit und Hitze zurecht.

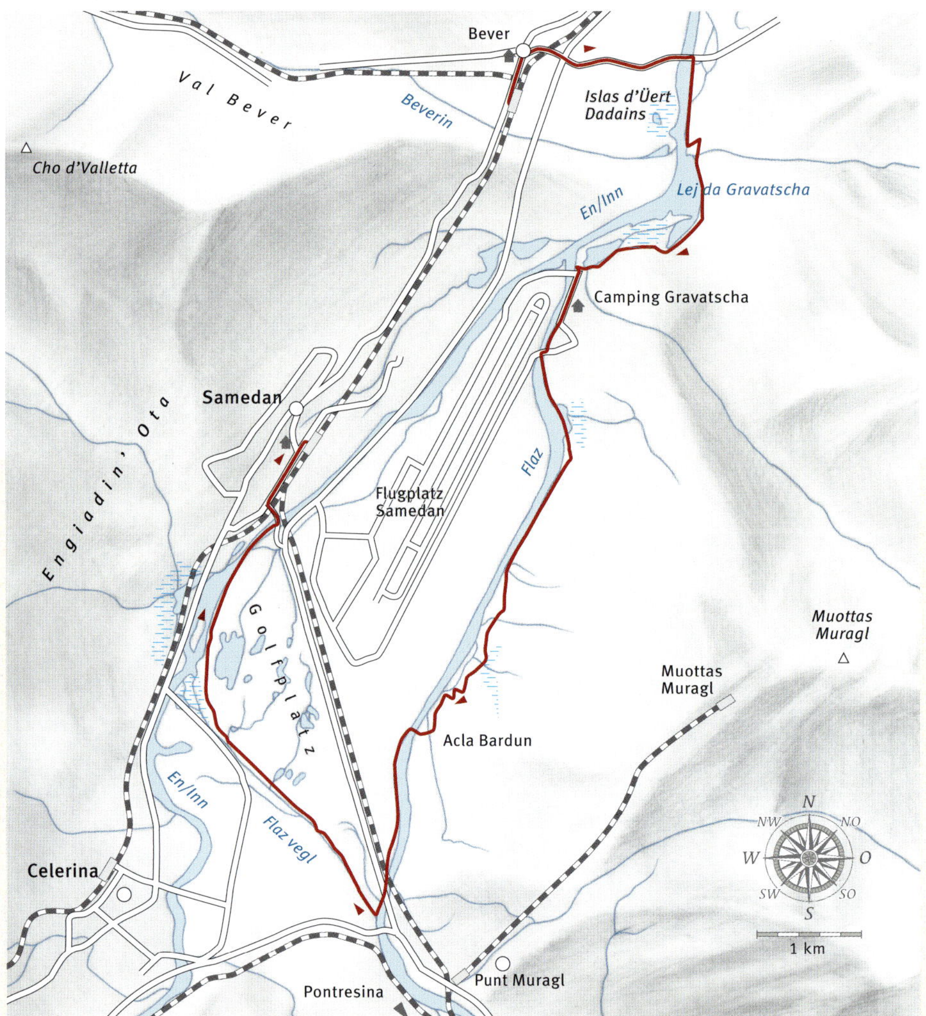

▲ Flussuferläufer
▼ Auenlandschaft am Inn bei Bever

DIE WANDERUNG

Diese einfache Wanderung mit nur kleinen Aufstiegen führt entlang der renaturierten Gebiete an Inn und Flaz. Sowohl den Lej da Gravatscha als auch den Flaz kann man links- oder rechtsseitig umwandern.

START Bahnhof Bever
ENDE Bahnhof Samedan
ROUTE Östlich zum Inn, dann diesem und dem Flaz entlang bis fast nach Punt Muragl. Nun dem Flaz vegl entlang nach Samedan.
LÄNGE 9,9 km
AUF- UND ABSTIEG 70 m
WANDERZEIT Ca. 2½ Std.
SCHWIERIGKEIT T1
EINKEHREN Bever, Camping Gravatscha, Samedan
FÜR FAMILIEN Einfache Route

Weitere Infos
www.innauen.ch

Die Route auf einer digitalen Karte oder als Download für Karten-Apps.

Eichhörnchen

▲ Steinwälzer
▶ Graureiher und Auenlandschaft bei Rheineck

LIVE VOGEL-EXKURSION IM RHEINDELTA SG

⑬ STEINSTÖSSER UND SPEERTRÄGER AM BODENSEE

Das riesige Delta des Rheins im Bodensee ist mit seinen etwa 20 Quadratkilometern Flachwassern, Schilfbeständen, Feuchtwiesen und Auenwäldern einer der wertvollsten Plätze für Vögel, um hier zu brüten oder sich auf dem Vogelzug auszuruhen.

Es ist ein Samstagmorgen im späten August, die Sonne wärmt bereits auf meiner Haut und alle Teilnehmer dieser Exkursion sind bereit, loszuziehen, ausgerüstet mit Feldstechern, Kameras und Bestimmungsbüchern. Mit «Grüsse aus dem Süden» war der Ausflug ausgeschrieben – heute sind wir den Zugvögeln auf der Spur. Ich bin selbst kein Vogel-Experte, darum juckt es auch mich, heute mal so richtig seltene Vögel zum ersten Mal zu sehen.

Es ist nicht zu verhindern und Geduld ist gefragt: Die Exkursion beginnt mit einer fachlichen Einführung – das muss wohl einfach sein. Doch Hannes Schumacher, der Leiter, weiss uns mit abenteuerlichen Geschichten zu packen. Etwa zum Rätsel des Vogelzugs. Warum etwa Aristoteles glaubte, der Hausrotschwanz verwandle sich im Herbst in ein Rotkehlchen. Oder dass die Schwalben sich im Herbst im Schlamm vergraben und dort überwintern. Es waren die ersten Versuche, das Verschwinden der Vögel im Herbst zu erklären. 1822 tauchte dann in Osteuropa ein Storch auf, dessen

Highlights Sehr grosses Flussdelta mit ausserordentlicher Vogelvielfalt

Schutzstatus Feuchtgebiet von internationaler Bedeutung nach der Ramsar-Konvention, EU-Natura-2000-Gebiet, Flachmoore, Amphibienlaich- und Auengebiete von nationaler Bedeutung

Jahreszeit Zu jeder Jahreszeit einen Besuch wert. Hochsaison der Vogel-Zugzeiten: April bis Mai und September bis Oktober

Exkursionen buchen Übersicht über die grössten Anbieter von Natur- und Tierexkursionen auf Seite 20

◀ Höckerschwan
▶ Kolbenenten-Familie

Hals von einem Pfeil durchbohrt war (es folgten noch 25 solcher aufgespiesster Störche), und die Völkerkundler von damals konnten die Jagdgeschosse auf Westafrika zurückführen. Das war quasi eine durchschlagende Erkenntnis, und die Vogelkundler wussten nun, dass diese Vögel tatsächlich nach Afrika flogen und von dort wieder zurückkehrten.

Nach zwanzig spannenden Minuten geht es dann aber los, und das gute Dutzend Vogelspäher, von der Anfängerin bis zum Profi, scannt Äste, Ufergeröll und Büsche ab. Zwischen dem fast fadengeraden Damm und dem Rhein breitet sich eine Serie von flachen Tümpeln aus. Es dauert keine zwei Minuten, bis wir eine erste Trouvaille entdecken: einen Flussuferläufer. Der braun-weisse Vogel sucht im Sand und Kies des Ufers nach Nahrung. «In der Schweiz gibt es nur etwa 70 bis 90 Brutpaare, und im Mittelland ist er als Brutvogel ganz verschwunden, weil man seine Lebensräume zerstört hat», hören wir. Die Freude über die Sichtung mischt sich mit einem Dämpfer über das Gehörte.

Einige Vögel sind schon in den Süden gezogen, etwa der Schwarzmilan und der Mauersegler. «Aber es sind noch viele da, und aus dem Norden kommen ja immer wieder neue dazu», beruhigt uns Hannes. Ein Kormoran fliegt über unsere Köpfe hinweg und im Auenwald zur Linken ist der Ruf eines Kuckucks

Die Fussacher Bucht

zu hören. In einem Schilfgürtel gleich an der Basis des Dammes turnt ein kleiner, spatzengrosser Vogel herum. «Das ist ein Rohrsänger, aber welcher, kann ich euch nicht sagen. Es gibt vier verschiedene bei uns, und die kann man praktisch nur anhand ihres Gesangs unterscheiden.» Es bleibt stumm im Schilf, und so wird diese Entdeckung ein kleines Rätsel bleiben.

Nicht weniger als 330 Vogelarten sollen hier im Rheindelta schon gesichtet worden sein. Sie alle sind auf die weiten Wasser- und Feuchtgebiete angewiesen. «Es gibt aber auch Probleme hier», fügt Hannes an. «Die Feuchtgebiete wurden früher systematisch entwässert. Dadurch trockneten die Wiesen aus und versauerten. Zusammen mit den viel zu häufigen Schnitten heutzutage haben es die Wiesenvögel sehr schwer.»

Wir spazieren nicht weit, als wir drei weitere Vögel entdecken, die durch den Schlick waten. Es sind zwei Alpenstrandläufer und ein Rotschenkel. Sie sind nicht einfach zu unterscheiden, und ich bin froh, über die Schultern einer Teilnehmerin einen Blick in ihr Vogelbuch werfen zu können. Die Alpenstrandläufer sind etwas kleiner und haben schwarze Beine, der Rotschenkel – keine Überraschung – nicht, und dazu eine rote Schnabelbasis. «Beide brüten nicht bei uns», erklärt Hannes, «der Alpenstrandläufer brütet in Nordeuropa und ist

Lernen und Suchen

jetzt auf dem Weg in den Mittelmeerraum und nach Nordafrika. Etwas komplizierter ist es beim Rotschenkel. Er kommt fast in ganz Europa vor; einige Tiere ziehen im Winter in den Süden, andere bleiben aber das ganze Jahr am gleichen Ort, sie sind also Standvögel.»

Unsere Schleich- und Spähwanderung führt weit hinaus auf den Damm und dann in einem Bogen über kleine Landbrücken zurück zum Ausgangspunkt – eine ideale Route für einen halben Tag. Ich bin froh, dass ich ein starkes Tele bei mir habe; ein richtiger Knaller ist mir aber heute noch nicht geglückt. Doch das ändert sich weit draussen auf unserem Loop. Im Ufergeröll, keine zehn Meter vor uns, läuft ein weiterer mir unbekannter Vogel durch das Geröll. «Das ist ein Steinwälzer.» Für diesen Namen brauche ich definitiv keine Eselsbrücke, um ihn mir zu merken. Er tippelt aufmerksam durch das Geröll, den Kopf oft tief über den Steinen, und immer wieder wälzt er mit seinem abgeflachten Schnabel geschickt einen Stein um oder rollt angeschwemmte Pflanzenteppiche weg, um darunter nach Fressbarem zu suchen. Der Steinwälzer ist das Highlight des Tages und wir alle geniessen es, dem emsigen kleinen «Fussballer» bei seiner Lunch-Suche zuzuschauen.

Immer mehr frischt jetzt der Wind auf und ich muss darauf achten, meinen Sonnenhut nicht zu verlieren. Ich freue mich, am Abend all die Fotos zu sichten. Aber ich werde wiederkommen, später im Herbst – nicht nur wegen der Vögel, sondern auch um die ungewöhnliche Weite dieser Natur- und Seelandschaft zu geniessen.

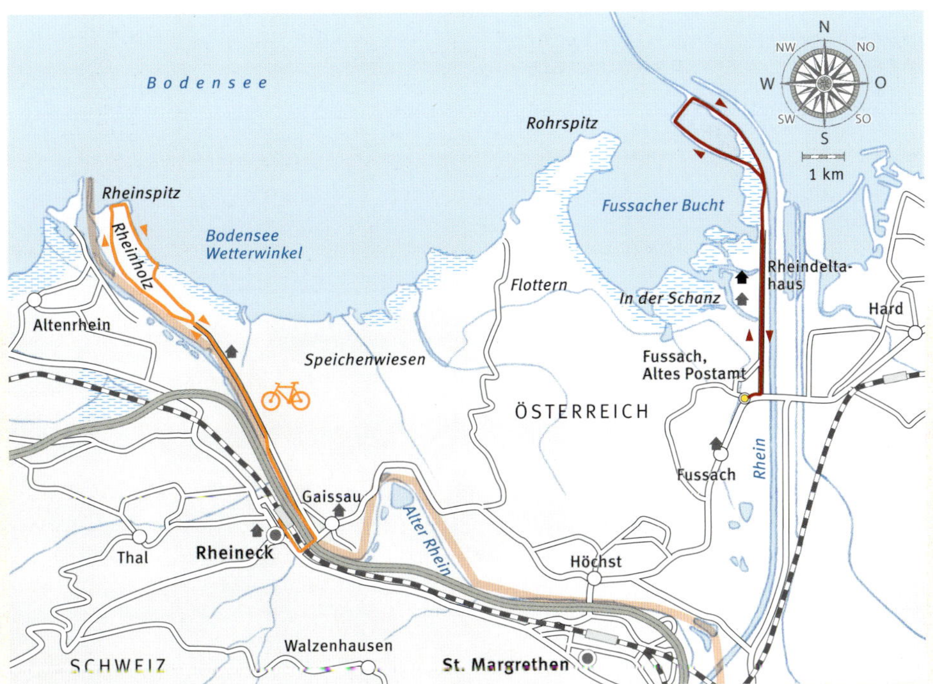

DIE WANDERUNG

Der Schweizer Teil des Rheindeltas, links des Alten Rheins, ist sehr klein, darum stelle ich hier zwei Varianten im österreichischen Teil des Deltas vor.

Variante 1: Rundwanderung ab Fussach
Diese Variante entspricht der oben beschriebenen Exkursion.

START UND ENDE Bushaltestelle Fussach AT, Altes Postamt
ROUTE Bis vor den Rhein, links weg, am Rheindeltahaus vorbei und in einem grossen Bogen über eine Landbrücke und wieder zurück.
LÄNGE 8,7 km
AUF- UND ABSTIEG Eben
WANDERZEIT Ca. 2 Std.
SCHWIERIGKEIT T1
FÜR FAMILIEN Einfache Route

Die Route auf einer digitalen Karte oder als Download für Karten-Apps.

Variante 2: Velo-Wanderung ab Rheineck
Da die Strecke bis zum Rheinholz-Wald asphaltiert ist und die Autobahn in der Nähe verläuft, empfiehlt es sich, für diese Strecke das Velo mitzunehmen; es hat aber auch entlang dieses Abschnitts bereits einige spannende Seelein und Feuchtgebiete.

START UND ENDE Bahnhof Rheineck
ROUTE Von Rheineck dem Alten Rhein entlang zum Rheinspitz und zurück.
LÄNGE 11,3 km
AUF- UND ABSTIEG Eben
WANDERZEIT Ca. 1 Std. (ab Rheinholz-Parkplatz)
SCHWIERIGKEIT T1
FÜR FAMILIEN Einfache Route

Weitere Infos

Rheindeltahaus: Besucherzentrum, Infomaterial, Ausstellungen, geführte Exkursionen, Programm auf www.rheindelta.org; viele Infos auch auf www.rheindelta.com; Programm des WWF auf www.wwfost.ch mit Stichwort «Bodensee»

Bei Vnà

WIESEN UND KULTURLANDSCHAFTEN

LÖTSCHBERG SÜDRAMPE VS

⑭ DIE WALLISER FELSENSTEPPE: FELSIG, HEISS – UND UNGLAUBLICH VIELFÄLTIG

▲ Blattkäfer auf einem Wiesen-Bocksbartt
▶ Oberhalb von Niedergesteln

Im Sommer, wenn die Hitze über dem Land flimmert, können die ausgedörrten und steinigen Sonnenhänge zwischen Hohtenn und Ausserberg karg und leblos wirken. Doch das Bild täuscht. Sie gehören zu den wertvollsten und artenreichsten Lebensräumen der Schweiz – und besonders Freunde von Schmetterlingen und Blumen kommen hier auf ihre Rechnung.

Im Juni lässt sich an den sonnigen Hängen der Südrampe des Lötschbergs ein aussergewöhnlicher Schmetterling beobachten. Mit seiner orangebraunen Grundfärbung und einem schwarzen Gittermuster setzt er nicht auf eitle Auffälligkeit, sondern eher auf dezente Schönheit mit Stil. Besonders gern labt er sich im Nektar von blauen und violetten Blütenpflanzen, beispielsweise Disteln, Flockenblumen und Thymian. Es ist der Leinkraut-Scheckenfalter. Was nun aber ausserordentlich ist: Die Unterart, die hier lebt (*Mellicta deione berisalii*), kommt weltweit nur in drei Regionen des Wallis vor, unter anderem an den Hängen zwischen Hohtenn und Ausserberg. Und: Es wird geschätzt, dass es nur noch etwa 2000 Falter gibt!

Highlights Hohe Biodiversität dank eines Mosaiks von meist kargen Lebensräumen; ideal für Blumen-, Schmetterlings- und Vogelfreundinnen
Schutzstatus UNESCO-Welterbe Schweizer Alpen Jungfrau-Aletsch, zahlreiche Trockenwiesen und -weiden von nationaler Bedeutung
Jahreszeit Frühling bis Herbst

Dass es um ihn kritisch steht, hat verschiedene Gründe. Zum einen hat er eine sehr anspruchsvolle Seite. Denn die Weibchen legen ihre Eier ausschliesslich an die Blätter einer Pflanze: an die des Italienischen Leinkrauts. Es wird angenommen, dass diese Pflanze

▲ Leinkraut-Scheckenfalter
▶ Auf Reptilien-Pirsch
▼ Astlose Graslilie

früher, als der Ackerbau noch verbreiteter war, viel häufiger war. Wo es sie heute noch gibt, ist sie bedroht, weil lichte, offene Flächen verbuschen oder intensiverer Bewirtschaftung weichen müssen. Um den Leinkraut-Scheckenfalter vor dem Aussterben zu schützen, sind verschiedene Projekte gestartet worden. Pro Natura hat im Vispertal aufgegebene Rebflächen entbuscht und mit Setzlingen des Italienischen Leinkrauts bepflanzt. Der Erfolg war phänomenal. In nur vier Jahren sind die Bestände des Leinkraut-Scheckenfalters um das Drei- bis Fünffache gewachsen! Die Fachleute des UNESCO-Welterbes Schweizer Alpen Jungfrau-Aletsch haben ein ähnliches Artenförderungsprojekt bei Ausserberg lanciert.

Aber es ist natürlich nicht alles Scheckenfalter, was an den Hängen und am Wegrand herumflattert und -gaukelt. Gute Chancen hat man, den hübschen Apollofalter mit seinen roten Flecken anzutreffen; er ist etwa ab Juni unterwegs. Der Falter ist in der Schweiz gefährdet, in Deutschland gar vom Aussterben bedroht. Schuld daran ist der Rückgang seiner Lebensräume durch Verbuschung und Aufforstung, aber auch der Einsatz von Herbiziden, die seine Nahrungspflanzen abtöten. Zu den weiteren Schmetterlingen an der Route gehören der Schachbrettfalter, der wunderschöne und bis zu 7 cm breite Segelfalter und der ähnliche Schwalbenschwanz.

◀ Würger-Spross
▶ Waldbaumläufer

Weniger Dünger und mehr Brachen für unsere Schmetterlinge!

Schmetterlingen geht es in der Schweiz alles andere als gut. Von den etwas über 200 Tagfalterarten, die in der Schweiz leben, sind zwar einige in den vergangenen Jahren häufiger geworden, etwa der Kurzschwänzige Bläuling, der von den wärmeren Sommern, die der Klimawandel bringt, profitiert. Umgekehrt sind kälteliebende Arten in den Bergen auf dem Rückzug – ihnen wird es zu heiss und aus den Tallagen werden sie von Arten bedrängt, die nun höher steigen können. Unter dem Strich sind die selteneren Schmetterlinge noch seltener geworden; 35 Prozent aller Arten gelten in der Schweiz heute als bedroht, drei sind gar ausgestorben. Fast alle dieser bedrohten Arten sind auf eine oder wenige Wirtspflanzen angewiesen – genau wie der Leinkraut-Scheckenfalter. Die Hauptgründe sind bekannt: Sehr viele Magerwiesen sind in der Schweiz verloren gegangen durch Überbauung oder durch zu intensive Landwirtschaft. Feuchtgebiete sind verschwunden und sogar im Berggebiet wird jetzt vielerorts mehr und mehr gedüngt und bewässert, um die Erträge zu steigern. Was man aber auch weiss: Hilfe wirkt – und wo Blumenstreifen und Brachflächen angelegt werden, profitieren die Schmetterlinge.

Good News

Dank Förderprojekten der Schweizerischen Vogelwarte geht es dem Wiedehopf im Wallis wieder besser; seit den Achtzigerjahren konnte hier der Bestand verfünffacht werden. Das ist gelungen, indem in Gebieten, in denen die Hauptspeise des Vogels, die Maulwurfsgrille, lebt, sehr viele Nistkästen aufgehängt wurden.

Was die Lötschberg-Südrampe besonders wertvoll macht, ist das Mosaik aus Trockenwiesen und -weiden, steinigen Halden, Rebterrassen, Waldstücken, Gärten, Steinmauern, kleinen Äckern und Hochstamm-Obstgärten. Ein solch prächtiges Durcheinander zieht zahlreiche Vögel an, etwa den Hausrotschwanz, die Zippammer, den gut getarnten Wendehals und mehrere Spechtarten.

Wiedehopf

Ein besonders illustrer Gast hier ist der Wiedehopf. Mit seiner prächtigen orange-bräunlichen Haube und den schwarz-weissen Federn wirkt er beinahe exotisch – auf jeden Fall darf er sich durchaus in der High Society der Vogelmode tummeln, zusammen etwa mit dem Eisvogel und dem Bienenfresser. In der Schweiz gibt es gerade noch etwa 200 Brutpaare. Seit den Siebzigerjahren ist der hübsche Vogel aus dem ganzen Mittelland verschwunden; das Walliser Haupttal ist das mit Abstand wichtigste verbliebene Vorkommensgebiet, und hier ist mit Glück in vielfältigen Kulturlandschaften im Frühling noch das charakteristische «hup hup hup» zu hören. In den Hängen um Ausserberg gibt es mehrere Brutpaare.

Auch für Botanikerinnen ist die Wanderung von Hohtenn nach Ausserberg sehr lohnend; dann blühen hier zahlreiche Arten, die auf trockene und magere Standorte angewiesen sind, darunter so bunte wie die Stein-, Pech- und Kartäusernelke und mehrere Orchideen- und Würgerarten. Zu den Spezialitäten gehören die Walliser Flockenblume und die Schweizer Lotwurz (die beide nur im Wallis vorkommen), die Breitblättrige Stendelwurz und die Berg-Jasione.

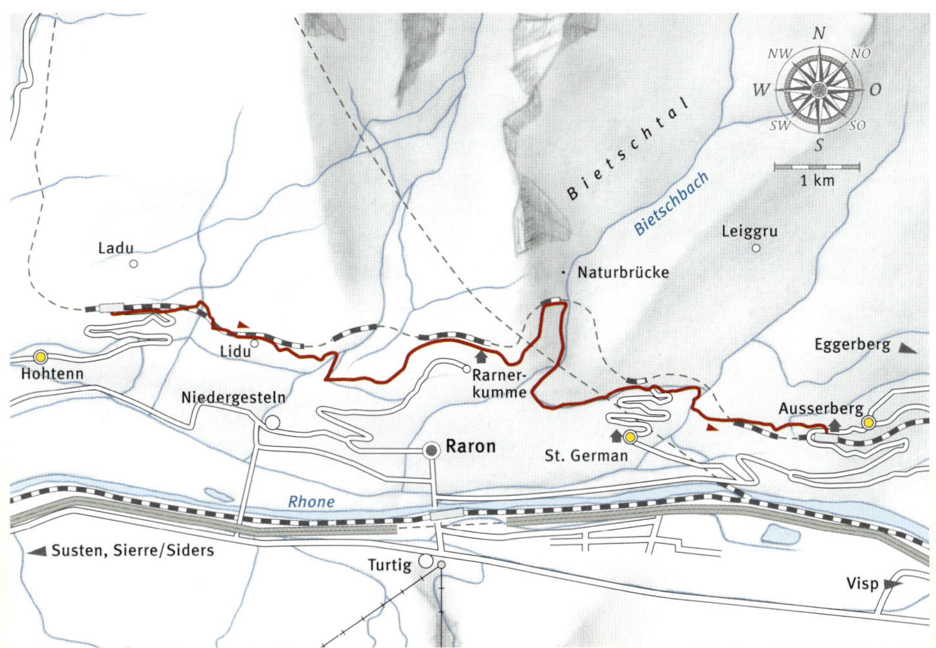

DIE WANDERUNG

Der Höhenweg von Hohtenn nach Ausserberg ist mit seinen knapp drei Stunden und nur bescheidenen Aufstiegen nicht nur ideal in der Länge, es wechseln sich – beinahe im 5-Minuten-Takt – unterschiedlichste Lebensräume ab, mit felsigen Hängen, Waldstücken, Magerwiesen, Schluchten und Gebüschwiesen.

START Bahnhof Hohtenn
ENDE Bahnhof Ausserberg
ROUTE Ostwärts und nach knapp drei Kilometern auf der Wanderland-Route 61 nach Ausserberg.
LÄNGE 9,8 km
AUFSTIEG 280 m
ABSTIEG 420 m
WANDERZEIT Ca. 3 Std.
SCHWIERIGKEIT T1
EINKEHREN Rarnerkumme, Ausserberg
VARIANTEN Die Wanderung lässt sich nach Lust und Laune abkürzen oder verlängern: Bis St. German sind es knapp 2½ Std., bis Eggerberg knapp 4½ Std.

Weitere Infos

Für das UNESCO-Weltnaturerbe:
www.jungfrauaIetsch.ch, www.valais.ch

Leinkraut-Scheckenfalter

Die Route auf einer digitalen Karte oder als Download für Karten-Apps.

Aspisvipern

LIVE REPTILIEN-EXKURSION IM BERNER OBERLAND

⑮ IM TAL DER SCHLANGEN

Schlangen faszinieren die meisten von uns auf eine magische Art und Weise, und Respekt oder gar Angst sind vielleicht gar ein Teil dieser Faszination. Doch Schlangen sind nicht leicht zu entdecken, und wenn, dann erhaschen wir meistens nur noch einen letzten Blick auf das flüchtende Tier. Zeit, mit einem Experten unterwegs zu sein – Zeit, Schlangen in Ruhe und ganz aus der Nähe zu beobachten!

«Das wird ein guter Tag werden heute!», verspricht Severin Erni uns vierzehn Exkursionsteilnehmenden. «Es wird schön warm sein mit der Sonne, sodass die Schlangen aus ihren kühlen Verstecken kommen, aber mit den Wolken am Nachmittag doch nicht zu heiss, denn dann würden sie sich doch wieder in die kühlere Vegetation oder unter die Steine zurückziehen.»

Er muss es wissen, denn Severin ist Schlangen-Experte. Seine Begeisterung hat ihren Anfang bei einem Erlebnis als Bub genommen. «Ich bin im nahe gelegenen Weinberg auf eine Schlingnatter gestossen, die eine Eidechse im Maul hatte. Ich konnte dann zwanzig Minuten zuschauen, wie sie ihre Leibspeise ganz langsam verschluckt hat. Damit war es um mich geschehen.» Severin ist heute Herpetologe, also Reptilien-Experte, und arbeitet auch für die karch, die Koordinationsstelle für Amphibien- und Reptilienschutz in der Schweiz.

Highlights Gute Chancen, mindestens drei – mit viel Glück bis sieben – der vierzehn in der Schweiz vorkommenden verschiedenen Reptilienarten zu sehen: Aspisviper, Ringelnatter und Mauereidechse

Exkursionen buchen Übersicht über die grössten Anbieter von Natur- und Tierexkursionen auf Seite 20

Auf dem Weg zu unserem «Schlangen-Tal» beäugt uns ein Fuchs aufmerksam vom Rand einer Wiese jenseits der Strasse aus und verzieht sich dann in den nahen Wald. Auf einer kleinen Anhöhe mit gutem Ausblick auf die saftigen grünen Weiden im

Talboden fragt uns Severin, wie wir uns diese Landschaft vor 200 Jahren vorstellen. Die meisten kommen schnell auf die richtige Antwort: eine wilde, verästelte Flusslandschaft, die immer wieder neue Wasserarme gräbt und andere zuschüttet, und gesäumt und durchsetzt von einem Auenwald. «Das war ein Paradies für die Artenvielfalt und auch für Amphibien und Reptilien. Heute ist diese Ebene zwar landwirtschaftlich ergiebig, aber ökologisch wertlos, auch für Reptilien.» Das klingt ziemlich ernüchternd. «Aber weiter oben zeige ich euch noch ein Beispiel, wie es genau umgekehrt ist. Dort hat der Mensch Lebensraum für Reptilien geschaffen.»

Nach etwa einer Dreiviertelstunde lässt uns Severin auf der Strasse warten und verschwindet hinter einem Schuppen. Natürlich ahnen wir, freudig gespannt, was jetzt kommt. Und tatsächlich erscheint er nach einer kurzen Weile wieder – mit einem Stoffsack, in dem sich offenbar etwas verbirgt. Vorsichtig öffnet er den Sack, rollt ihn etwas auf. Schon lugt der tiefschwarze Kopf einer Schlange in die gleissende Sonne, bald umringt und bestaunt von 14 beeindruckten Teilnehmenden – und beinahe 14 klickenden Kameras. «Das ist eine Aspisviper, und an der Form des Schwanzes hinter der Kloake erkennt man, dass es ein Weibchen ist. Und schaut mal hier, der Bauch ist in diesem Bereich sehr dick, ich denke, sie hat kürzlich eine Maus verschlungen.» Severin nimmt das etwa 70 cm lange Tier mit seinen schweren Lederhandschuhen heraus, legt es auf

den Boden und beruhigt es, indem er es sanft mit den Händen zudeckt. Doch viel nützt es nicht, dieses Exemplar ist ziemlich aufgeregt und reagiert schnell gereizt. Also noch einmal beruhigen – aber es hilft nichts. Severin bringt das Tier wieder an den Fundort zurück und lässt es dort frei.

«Will man Schlangen entdecken, muss man einiges darüber wissen, wo und wann man suchen muss, um überhaupt eine Chance zu haben. Sie lieben Steine, die sich erwärmen, aber auch Unterschlupfe in der Nähe. Dazu natürlich artenreiche Wiesen, in denen sie Mäuse oder Eidechsen erbeuten können. Dazu muss man auch den Sonnenstand berücksichtigen. Die Steine müssen sich ganztägig erwärmen können, aber dies auch nicht zu stark.» Gut, können wir heute von Severins jahrzehntelanger Erfahrung profitieren. Schon nach einer Viertelstunde entdeckt er eine weitere Aspisviper, wieder einen Schwärzling. Auch die dritte ist schwarz. Die vierte allerdings, am Fuss einer sonnigen Holzbeige, ist beige-braun gemustert. Ein wunderschönes Exemplar. Für all unsere Augen und Linsen legt Severin sie auf einen fotogenen Stein. Natürlich gibt es ständig viele Fragen von uns Laien, und dieses Mal darf, wer will, die Finger auch sanft dem schuppigen Tier entlanggleiten lassen, bevor Severin das ruhige Tier in sein Versteck entlässt. Ein wahrhaft berührendes Erlebnis.

Nach etwa zwei Stunden erreichen wir einen Talkessel, umringt auf drei Seiten von schroffen Bergwänden und Lawinenzügen. Den flacheren Talboden bedeckt eine artenreiche Blumenwiese, die mit Steinhaufen und einigen grösseren Felsbrocken durchsetzt ist. In der Mitte sitzt ein kleines Bauernhaus.

Weitere Infos

Info-Stelle Anlaufstelle für Fragen und auch zum Melden von eigenen Beobachtungen durch Laien ist die karch, Koordinationsstelle für Amphibien- und Reptilienschutz in der Schweiz, www.karch.ch.

Bücher Ein hervorragendes Buch zu Amphibien und Reptilien in der Schweiz ist «Auf Schlangenspuren und Krötenpfaden, Amphibien und Reptilien der Schweiz» von Andreas Meyer, Silvia Zumbach, Benedikt Schmidt und Jean-Claude Monney aus dem Haupt Verlag.

Idealer Lebensraum für Schlangen: Höhlen, Deckung, Sonnenplätzchen und Beutetiere

«Hier könnt ihr sehen, dass der Mensch auch viel für die Artenvielfalt und für Reptilien tun kann. Ohne Mensch wäre dies alles ein dichter Wald mit relativ wenigen Arten. Durch die Rodung und die extensive Beweidung haben wir nun eine sehr artenreiche Weide und auch einen idealen Lebensraum für Schlangen. Ohne diese Beweidung würde das alles wieder verwalden und der Lebensraum für die Schlangen ginge verloren. Weiter unten hat ein Bauer sogar extra einen Misthaufen im Freien angelegt, damit die Ringelnattern ihre Eier dort ablegen können. Das freut uns Schlangen-Fans natürlich sehr.»

In dieser Wiese dürfen wir nun auf eigenen Wegen Schlangen suchen gehen, und es dauert keine Minute, bis jemand «Schlange!» ruft. Dieses Mal ist es eine Ringelnatter, gut erkennbar am gelblichen Halbmond hinter den Augen. Und da Ringelnattern ungiftig sind, fasst Severin sie auch mit blossen Händen an. «Ich bin noch nie von einer Ringelnatter gebissen worden», beruhigt er, «aber manchmal ist es unangenehm. Sie können nämlich ein grässlich stinkendes Sekret ausscheiden. Wenn ich das an den Händen habe, werde ich am Abend ziemlich schräg angeschaut im Zug.» Nur zur Aufklärung von Interessierten oder zu wissenschaftlichen Zwecken nimmt Severin die geschützten und sensiblen Tiere manchmal in die Hand, und nur mit kantonaler Bewilligung.

Eine Teilnehmerin zeigt unvermittelt in den Himmel. Weit oben kreisen einige riesige Vögel. «Das dürften Gänsegeier sein», meint Severin, «die brüten zwar nicht bei uns, aber im Sommer sind sie in den westlichen Schweizer Alpen immer häufiger zu sehen.» Einem Teilnehmer gelingt es, mit einem grossen Tele eine Aufnahme zu machen, und tatsächlich erkennt man den weissen Kopf. Eine ziemliche Überraschung ist es für die meisten von uns, diese riesigen Vögel in der Schweiz zu sehen. «Sie sind sehr wertvoll, da sie verendete Tiere schnell finden und sie vertilgen», erklärt Severin.

◀ Ringelnatter

▲ Mauereidechsen-Männchen

▶ Aspisviper

Nach dem Lunch bei einem gurgelnden Bergbach erzählt uns unser Experte noch viel Spannendes aus der Welt der Schlangen. Sie haben einen schweren Stand in der Schweiz, wo vielerorts ihr Lebensraum durch Intensivierung oder Überbauung verloren geht. Mit Amphibien- oder Reptilieninventaren wurde erst in den Siebziger- und Achtzigerjahren begonnen; es ist aber davon auszugehen, dass die Verbreitung und die Bestandszahlen vor allem im Mittelland und Jura abgenommen haben. Die Aspisviper etwa kam im Jahr 1950 in 36 Gemeinden des Kantons Basel-Landschaft vor, heute noch in sieben – Tendenz weiter sinkend. Wir erfahren aber auch, was den Reptilien hilft:

- Im Wald: Reptilien lieben südexponierte, lichte und steinige Wälder oder Gebüschlandschaften. Diese sollten mit regelmässigen Ausdünnungen so erhalten werden. Auch sonnige und natürlich auslaufende Waldränder mit Ast- und Steinhaufen sind wunderbare Lebensräume für Reptilien.
- Auf Landwirtschaftsland: In einer ausgeräumten Produktionslandschaft können Reptilien kaum leben. Mehr Unordnung und Chaos sind gefragt! Es hilft Reptilien, wenn Kleinstrukturen wie Asthaufen, Steinhaufen oder Trockenmauern geschützt oder neu errichtet werden. Auch Hecken sind sehr wertvoll, sollten aber nicht einfach «Strauch-Kolonnen» sein, sondern stufig aufgebaut sein und einen mehrjährigen Kraut- und Altgrassaum vorgelagert haben. Auch Magerwiesen und -weiden, durchsetzt mit Büschen und Kleinstrukturen, bilden wertvollen Lebensraum für Reptilien.
- An Gewässerufern: Auch diese können reptilienfreundlich gestaltet werden, etwa mit Steinmauern oder Blockwürfen mit vielen Spalten; Feuchtgebiete sollten gut besonnt und strukturreich sein.

Zurück zum Ausgangspunkt geht es auf demselben Weg, und noch immer wird unser Reptilien-Experte von wissensdurstigen Teilnehmenden mit Fragen eingedeckt. Die Bilanz des Tages kann sich jedenfalls sehen lassen: 6 Aspisvipern, 1 Ringelnatter, 1 Mauereidechse, 1 Blindschleiche, 1 Grasfrosch, 1 Steinadler und 4 Gänsegeier – aber vor allem: eine neu erwachte Begeisterung in den Teilnehmenden für all diese faszinierenden Tiere.

FARNSBERG BL

⑯ … UND DER GEWINNER IN DER KATEGORIE «LANDWIRTSCHAFT» IST …

▲ Honigbiene und Langhornmotte auf einer Witwenblume
▶ Neu angelegte Streuobstwiese mit Stein- und Asthaufen
▼ Artenreiche Wiese

«Welches ist der naturnaheste und artenreichste Bauernhof im Land?» Haben Sie sich das auch schon gefragt? Nun, das könnte gut die Kulturlandschaft um den Farnsberg sein. Hier arbeiten über 30 Bauernbetriebe zusammen, um eine Hochstamm-Landschaft ökologisch maximal aufzuwerten. Ein Besuch hier kann Augen öffnen – dafür, wie es auch sein könnte …

Wenn es um die schwindende Artenvielfalt in der Schweiz geht, kommt die Landwirtschaft meistens nicht gut weg. In den letzten 150 Jahren war sie der Hauptgrund, dass 95 Prozent der Magerwiesen verschwunden sind, und ähnliche Zahlen gelten für Feuchtgebiete. Anstelle dieser artenreichen Biotope stehen dort heute Maisäcker und Fettwiesen. In neuerer Zeit ist noch der massive Einsatz von Pestiziden dazugekommen, die gezielt bestimmte Organismengruppen auslöschen, und die übermässige Düngung und der zu häufige Schnitt machen jeder bunten Wiese in Rekordtempo den Garaus.

Highlights Eine Kulturlandschaft mit zahlreichen Hochstamm-Obstbäumen, Wiesen und Weiden, die in Sachen ökologische Aufwertung in der Schweiz wohl einmalig ist; Nachahmung erwünscht

Schutzstatus Kein offizielles Schutzgebiet, aber zahlreiche Biodiversitätsförderflächen und vor allem viel Enthusiasmus aller Beteiligten

Jahreszeit Frühling bis Herbst

Auch bei den Hochstamm-Obstgärten sieht es nicht gut aus. Im Jahr 1951 gab es in der Schweiz noch 14 Millionen Hochstamm-Obstbäume. Etwa 14 Millionen davon mussten fallen, um freie und gerade Bahn für Traktoren zu haben, oder mussten maschinenfreundlichen, aber artenarmen Niederstamm-Plantagen weichen. Dabei

Am Westhang
des Farnsberg

wären Hochstamm-Obstbäume die reine Freude – nicht nur für das Auge, sondern auch für Insekten und Vögel. Nicht weniger als 35 Vogelarten brüten in Hochstamm-Obstgärten. Hier können der Steinkauz, der Wiedehopf, der Wendehals und verschiedene Spechtarten in natürlichen Astlöchern ihre Kleinen aufziehen, und Grauschnäpper, Gartenbaumläufer und Gartenrotschwanz brüten in Nischen und Halbhöhlen. Aber auch andere Tiere finden in den Streuobstwiesen Heimat und Nahrung: Fledermäuse etwa, Garten- und Siebenschläfer sowie unzählige Insekten- und Spinnenarten. Noch wertvoller sind Hochstamm-Obstgärten, wenn die Wiesen dazwischen nicht gedüngt und nur extensiv genutzt werden. Und kommen dann noch Kleinstrukturen wie Ast- und Steinhaufen oder offene Erdstellen dazu, ist das Artenparadies perfekt.

Natur-Tipp

Einen kühlen Drink geniessen und damit dem Neuntöter helfen? Das geht im Obstgarten Farnsberg. Besuchen Sie einen oder ein paar Hofläden und lassen Sie sich von den selbst gemachten Produkten verführen. Denn das ganze Projekt geht nur auf, wenn die Landwirte auch von ihren Produkten leben können. Zurzeit haben der Höldihof, der Hardhof und der Hof Leimen in Buus, der Hof Baregg in Hemmiken und der Hof Hauptstrasse 21 in Ormalingen eigentliche Hofläden, weitere verkaufen auf Bestellung. Aktuelle Liste auf www.obstgarten.farnsberg.ch.

30 Bauern für die Biodiversität

So etwa sah die Vision aus, die die Mitarbeitenden von BirdLife am Anfang dieses Jahrtausends hatten. 2004 packten sie es an, und inzwischen ist daraus vielleicht das Vorzeigeprojekt in der Schweizer Landwirtschaft geworden. «Obstgarten Farnsberg» heisst es und beginnt gleich am nördlichen Ortsrand von Gelterkinden im basellandschaftlichen Jura. Und es ist nicht einfach *ein* Bauernhof. Inzwischen machen über 30 Betriebe mit, deren Fläche beinahe zehn Quadratkilometer umfasst. Was hier schon erreicht wurde, ist einzigartig in der Schweiz. Die Landwirte

- pflanzten mehr als 1800 Hochstamm-Obstbäume und 4500 Sträucher,
- bauten über 70 Grossstrukturen wie Hecken und zahlreiche Kleinstrukturen wie Ast- und Steinhaufen,
- säten 19 Hektar Blumenwiesen an,
- schieden extensiv genutzte Weiden aus (auf denen man auch Amerikanische Bisons findet),
- legten 7 Hektar Buntbrachen und Säume auf Ackerland an,
- schufen ein paar Kilometer offene Bodenstreifen,
- werteten Waldränder auf, und
- montierten 260 Nistkästen für den Gartenrotschwanz.

◀ Wespenbussard
▶ Nistkasten

Ein solch grosses Projekt war natürlich nicht von heute auf morgen realisierbar und auch nicht mit ein paar Telefonaten erledigt. Zentral war die (freiwillige) Zusammenarbeit zwischen BirdLife und den Landwirtinnen. Hier konnte es schon mal vorkommen, dass die Visionäre von BirdLife anfänglich auf skeptische Bauern-Ohren stiessen, aber mit der Zeit und den schönen Erfolgen kamen immer mehr Landwirtinnen dazu. Zu den weiteren Partnern gehörten die lokalen BirdLife-Sektionen, das Landwirtschaftliche Zentrum Ebenrain, der Basellandschaftliche Natur- und Vogelschutzverband (BNV) und die Beratungsfirma Agrofutura. Und um die Sache auch finanziell stemmen zu können, sprang neben Kanton und Gemeinden auch eine ganze Reihe von Stiftungen ein.

Eine Wanderung durch das Schweizer Mittelland ist heute mehrheitlich eine unschöne Sache. Löwenzahnwiesen – leuchtend gelb, aber Zeichen grosser Artenarmut – wechseln sich ab mit Maisfeldern, Symbol einer klimafeindlichen Fleischproduktion. Bunte Hecken, alte Bäume und eine gesunde Unordnung findet man kaum noch. Ein Spaziergang durch die vielfältige und naturnahe Landschaft am Farnsberg ist darum wie Balsam für die Seele. Rechts des Weges eine wogende Blumenwiese, in der mehrere Asthaufen liegen. Weiter vorne eine Hecke – nicht einfach zwei Meter breit, sondern deren zehn, und vom Baum auslaufend bis zur Krautschicht. Dann eine Buntbrache, in der es summt und brummt, und noch etwas weiter ein neu angelegter Hochstamm-Obstgarten, durchsetzt von Dutzenden von Stein- und Asthaufen als Wohlfühlinseln für Käfer, Wiesel und Igel. Nach einem Besuch hier geht man heim mit einem Bild im Herzen, das man nie wieder vergisst und an dem man zukünftig andere Landwirtschaftsgebiete misst.

◀ Neuntöter mit erbeutetem Heupferd

▶ Hofladen Baregg

Die Rückkehr des Neuntöters

Natürlich werden solche Projekte auch wissenschaftlich begleitet. Was hat es gebracht? Welche Tiere sind zurückgekommen? Welche Eingriffe bringen am meisten? Eine begehrte «Jagdtrophäe» von Besuchern hier ist der Neuntöter. Die erwachsenen Männchen des gut sperlingsgrossen Vogels erkennt man gut an der schwarzen Augenbinde und den rotbraunen Rücken- und Schulterfedern. Die Weibchen sind etwas schlichter gefärbt. Interessant ist ihre Jagdtechnik. Ihre Beute, meist Grossinsekten, bringen sie nämlich gern auf einen Ast und spiessen sie hier auf einen Dorn auf; so können sie sie besser bearbeiten – oder sie lassen sie als Vorrat zurück. In der Schweiz sind die Bestände des Neuntöters im Mittelland zurückgegangen, Stichwort ist wieder einmal die intensive Landwirtschaft. Auf dem Farnsberg hat ihre Zahl aber erfreulich zugenommen: Von 2008 bis 2020 ist die Zahl der Brutpaare im untersuchten Gebiet von sechs auf 22 gestiegen. Auch anderen Vogelarten gefällt es auf dem Farnsberg; Grauspechte und Wespenbussarde etwa können mit etwas Glück beobachtet werden. Während 2015 keine Gartenrotschwänze mehr festgestellt werden konnten, waren es nach der Umsetzung zahlreicher zusätzlicher Massnahmen im Jahr 2020 wieder vier Reviere. Was einmal verloren ging, kommt nicht auf Knopfdruck zurück, aber die Menschen auf dem Farnsberg bleiben dran: Sie werten die Landschaft weiter auf, und sie haben Geduld.

Auch wenn die Leute von BirdLife und ihren Partnern den Bäuerinnen neue Massnahmen vorschlagen: Der Entscheid dafür wird stets durch die Bauern selbst getroffen. Und diese müssen von ihrem Land und seinen Produkten leben können. Zu diesem Zweck wurde auch an die Vermarktung der Produkte gedacht. In verschiedenen Hofläden gibt es Konfitüren, Eingemachtes, Schnäpse, Fleisch und anderes. Bequem und fast am vorgeschlagenen Rundweg liegt der Hof Baregg. Seine Chefs, Stefanie und Christian Weber, gehören zu den Pionieren des ganzen Farnsberg-Projekts. In absehbarer Zukunft möchte man auch bestimmte Produkte unter einem Farnsberg-Logo verkaufen; als Erstes könnte dies eine Apfel-Kirschen-Schorle sein. Diese kann man schon jetzt kaufen und geniessen – eine herrliche Abkühlung nach einem heissen Mai- oder Junitag.

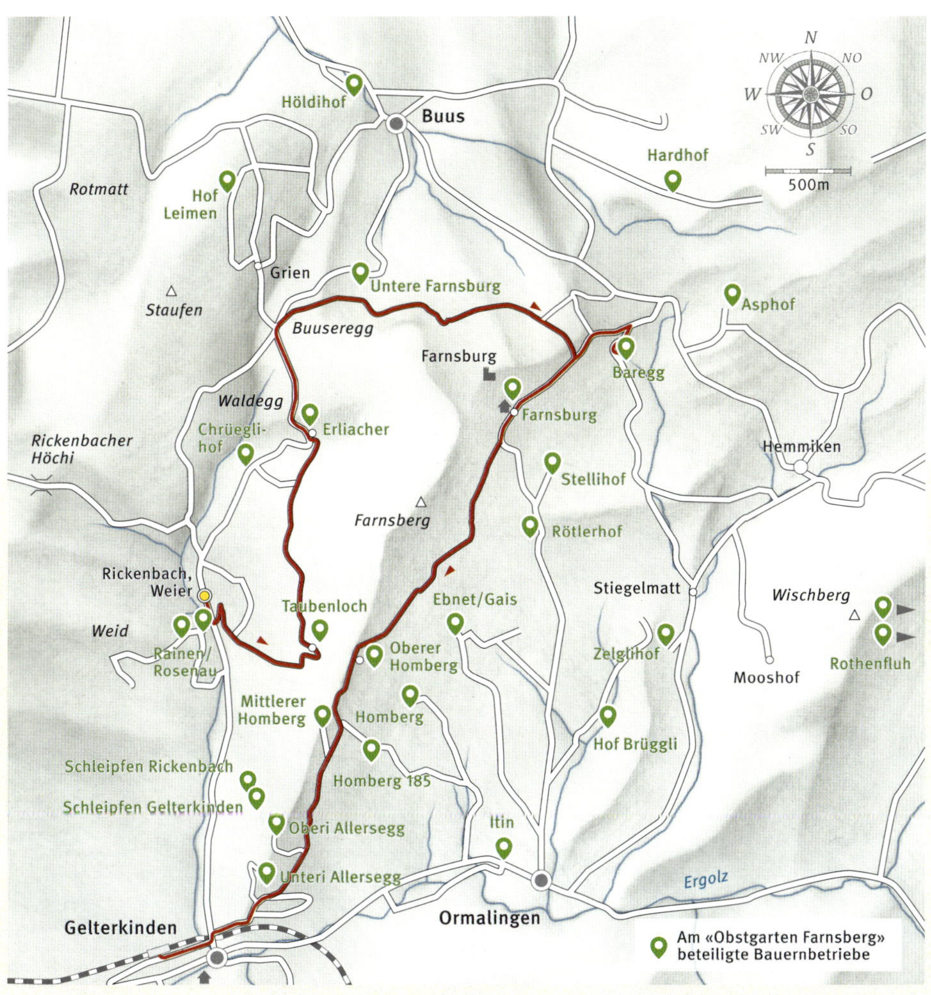

Einer der Pioniere des Farnsberg-Projekts: Christian Weber

DIE WANDERUNG

Mit knapp drei Stunden und lediglich etwa 300 Metern Aufstieg eignet sich diese Wanderung wunderbar für einen schönen Sonntag ab etwa Anfang Mai.

START Bushaltestelle Rickenbach BL, Weier
ENDE Bahnhof Gelterkinden
ROUTE Via Taubenloch und Erliacher zum Hof Baregg. Dann via Farnsburg und Homberg nach Gelterkinden.
LÄNGE 10,1 km
AUFSTIEG 330 m
ABSTIEG 400 m
WANDERZEIT Ca. 2¾ Std.
SCHWIERIGKEIT T1
EINKEHREN/UNTERKUNFT Farnsburg
FÜR FAMILIEN Einfache Route, Erfrischung im Hofladen

Weitere Infos

www.obstgarten-farnsberg.ch, www.birdlife.ch mit Stichwort «Farnsberg»

Die Route auf einer digitalen Karte oder als Download für Karten-Apps.

HEMMENTAL SH

⑰ IM MAGERWIESENPARADIES

▲ Bienen-Ragwurz
▶ Wiesen-Paradies oberhalb von Hemmental

Magerwiesen sind die Juwelen unserer Wiesen – bunt, artenreich und voller Leben. Leider sind fast alle in den tieferen Lagen der Schweiz wegen der intensiven Landwirtschaft oder durch Überbauung verschwunden. Einige der schönsten Magerwiesen finden sich noch im Schaffhauser Randen.

Magerwiesen sind Wiesen, die nährstoffarm sind und extensiv, also nur wenig, genutzt werden. Gemäht werden sie meistens nur ein Mal im Jahr. Düngung und häufige Schnitte (wie sonst meistenorts) sind ein absolutes No-Go. Wird auf eine solche Wiese Gülle oder Kunstdünger ausgebracht, geht es bergab, und zwar rasant: Pflanzen, die die Nährstoffe gut verwerten können, nehmen schnell überhand und verdrängen alles andere. Das Resultat könnte so aussehen: eine saftig-grüne Wiese mit viel Löwenzahn, basta. Verschwunden ist dann eine artenreiche, bunte Wiese mit zahllosen Blumen, eine Wiese, in der es summt und brummt und das Leben seine Vielfalt feiert.

Um die Magerwiesen steht es nicht gut bei uns. In den letzten 100 Jahren sind 95 Prozent davon verschwunden, verdrängt durch ertragreichere Fettwiesen und weggemäht durch zu frühe und zu häufige Schnitte. Das ernüchternde Resultat (für Trockenwiesen, also trockene Magerwiesen) kann sich jeder auf Internetkarten (auf map.geo.admin.ch mit dem Such-Stichwort «Trockenwiesen») selbst anschauen: Im Schweizer Mittelland gibt es so gut wie keine Trockenwiesen mehr. Am meisten Restflecken gibt es noch im Saane- und im Simmental, entlang des Hinterrheins und im Unterenga-

Highlights Naturfreundlich bewirtschaftete Magerwiesen und Halbtrockenrasen; sehr wertvoller Lebensraum für Insekten, Schmetterlinge und Vögel

Schutzstatus Mehrere kantonale und Pro-Natura-Schutzgebiete, ganzer Randen im Bundesinventar der Landschaften von nationaler Bedeutung (BLN)

Jahreszeit Ende April bis zur ersten Mahd (zwischen Ende Juni und August)

Randen-Landschaft bei Hemmental

din. Doch auch im nördlichsten Zipfel unseres Landes, im Schaffhauser Randen, haben einige Trockenwiesen überlebt. Sie liegen um die Ortschaft Merishausen, vor allem aber um Hemmental. Und in die Mager- und Trockenwiesen um dieses Hemmental führt diese Wanderung.

Um das schmucke Dörfchen mit seinen Riegelhäusern und den noch recht ausgedehnten Streuobstwiesen konnte Pro Natura eine Reihe von Schutzgebieten einrichten. Gleich oberhalb des Dorfkerns, an der Oberberghaalde, liegt ein solches. Es ist ein steiler, sonnenexponierter Hang, also prädestiniert für eine Trockenwiese. Noch vor hundert Jahren wurde der ganze Hang landwirtschaftlich genutzt, allerdings in vielen kleinen Parzellen, durchsetzt mit vielen Hecken. Mit dem Rückgang der Landwirtschaft verbuschte der Hang zunehmend und drohte zu verwalden. Pro Natura versucht, mit periodischen Entbuschungen und einem Schnitt pro Jahr die vorhandene Vielfalt zu erhalten und mit Kleinstrukturen wie Ast- und Steinhaufen neue Lebensräume zu schaffen.

70 Schmetterlingsarten an einem Ort?

Die Oberberghaalde ist heute ein Refugium für zahlreiche Tier- und Pflanzenarten, die mit einer kompletten Verwaldung verschwunden wären. Fast 70 Schmetterlingsarten konnten hier gefunden werden, unter ihnen der Pflaumen-Zipfelfalter, der Hainveilchen-Perlmuttfalter und der Kleine Feuerfalter. Mit seiner Mischung aus Schwarz und Gelb besonders schön gefärbt ist der Libellen-Schmetterlingshaft – er steht, zusammen mit anderen Arten, im Zentrum der Artenschutzziele von Pro Natura.

▲ Weibchen und Männchen des Himmelblauen Bläulings

▼ Kleiner Feuerfalter

Nach dem Aufstieg durch die Oberberghaalde erreicht man die Naturstrasse auf einem kleinen, unbewaldeten Plateau – und damit eine der schönsten Magerwiesen im Kanton. Dieser Magerwiesenstreifen zieht sich, stets auf ähnlicher Höhe und auf beiden Seiten gesäumt von Wald, über mehrere Kilometer den gewundenen Hügelzügen entlang. Im Frühling und Frühsommer, vor der ersten Mahd, ist dies ein Paradies für Blumenfreunde – etwa 200 Pflanzenarten konnten hier gezählt werden, unter ihnen 17 verschiedene Orchideen wie die Bienen-Ragwurz. Und da sich Schmetterlinge und andere Insekten gern an den Blüten laben, ist dies auch ein Paradies für diese Tiere, und damit wiederum für Insektenfresser wie Mäuse und Vögel. Der Verzicht auf Düngung und zu häufigen Schnitt bewahrt also nicht nur die Magerwiese selbst, sondern mit ihr auch ein ganzes Ökosystem von kleinen und grösseren Tieren.

▲ Artenreiche Wiese ob Hemmental
▼ Libellen-Schmetterlingshaft

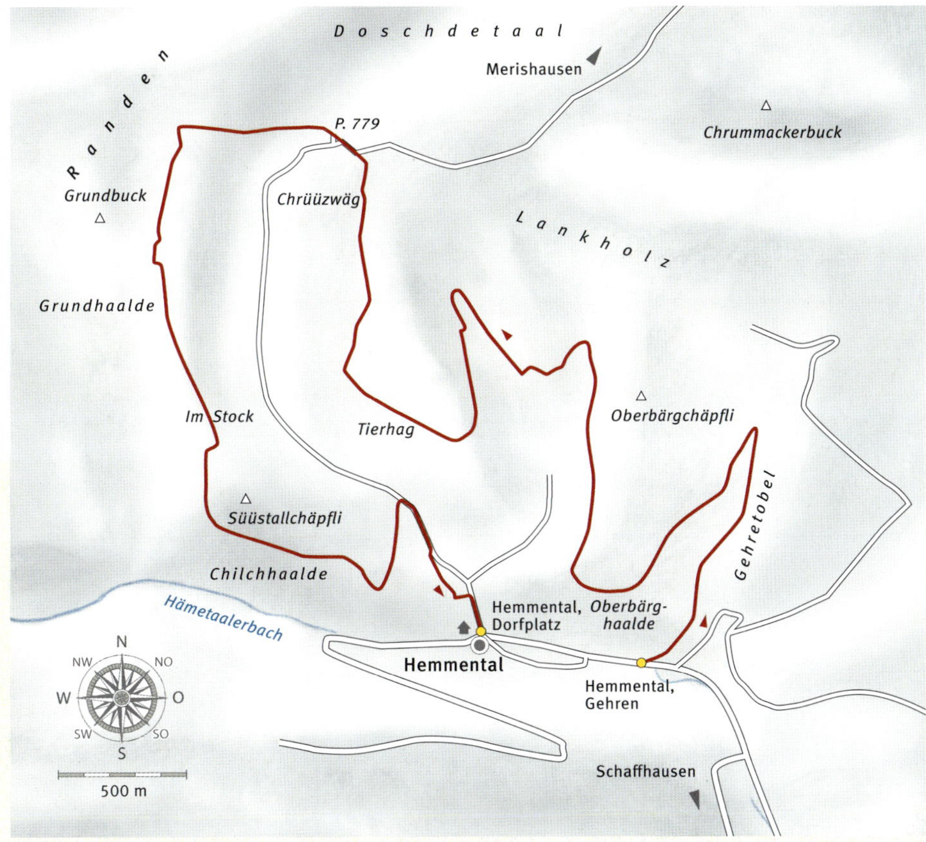

DIE WANDERUNG

Diese «Höhen-Wanderung» durch die Magerwiesen an den gewundenen Hängen oberhalb von Hemmental ist etwas vom Eindrücklichsten, das Naturfreundinnen im Randen unternehmen können.

START Bushaltestelle Hemmental, Gehren
ENDE Bushaltestelle Hemmental, Dorfplatz
ROUTE Durch das Gehretobel bis zur ersten Wegkreuzung auf 660 Metern, dann links und stets auf ähnlicher Höhe bis kurz nach Tierhag. Hier hoch nach Chrüüzwäg und via Im Stock zurück nach Hemmental.
LÄNGE 6,9 km
AUFSTIEG 260 m
ABSTIEG 250 m
WANDERZEIT Ca. 2 Std.
SCHWIERIGKEIT T1
EINKEHREN Hemmental
FÜR FAMILIEN Einfache Route
VARIANTE Von der Haltestelle Hemmental, Dorfplatz, kann man auch direkt durch die Oberbärghaalde zum Magerwiesen-Plateau unter dem Oberbärgchäpfli aufsteigen.

Weitere Infos

Regionaler Naturpark Schaffhausen: www.naturpark-schaffhausen.ch;
Pro Natura Schaffhausen: www.pronatura-sh.ch

Die Route auf einer digitalen Karte oder als Download für Karten-Apps.

Distelfink

VALLE DI MUGGIO TI

⑱ GANZ IM SÜDEN: ARTENVIELFALT AUS MENSCHENHAND

▲ Bruzella
▶ Wendehals
▼ In der Breggia-Schlucht

Das Valle di Muggio ist nicht nur das südlichste Tal der Schweiz, es ist auch ein Hotspot der Biodiversität. Mit seinen über 1060 Pflanzenarten stellt es sogar den Nationalpark weit in den Schatten. Dies verdankt das Tal seiner Lage am Übergang von den Alpen zur Po-Ebene und den Kulturlandschaften um die ursprünglichen Dörfer.

Bevor der Mensch das Valle di Muggio erreichte, bedeckte ein praktisch lückenloser Buchenwald das Tal – es trug zwar ein natürliches, aber auch recht monotones Pflanzenkleid. Mit den Dörfern und Lichtungen, die die Siedler in das Tal brachten, mit den Äckern, Feldern, Gärten, Mäuerchen und Obstbäumen erhielt dieses Kleid dann einen abwechslungsreichen und mutigen Look, mit Taschen, raffinierten Nähten und wilden Aufnähern. Ein solches Patchwork bietet in der Regel einer weit grösseren Zahl von Tieren und Pflanzen ein Zuhause. Ein Blick auf einige Tierarten zeigt, wie sie von den vom Menschen geschaffenen Strukturen profitieren, aber auch, warum es wichtig ist, diese Lebensräume um Cabbio, Bruzella und Caneggio zu erhalten – oder neue zu schaffen.

Highlights Artenreiches Mosaik aus Wäldern und strukturreichen Lichtungen, spektakuläre Breggia-Schlucht

Schutzstatus Landschaft, Geotop und Amphibienlaichgebiet von nationaler Bedeutung, einige Trockenwiesen und -weiden, kantonal geschützt

Jahreszeit Am besten von April bis Oktober

Insekten Im Valle di Muggio kommen weit über 100 Tagfalter vor, also Schmetterlinge, die vor allem am Tag aktiv sind. Der Zitronenfalter zum Beispiel verbringt den Winter als ausgewachsenes Tier in einer kleinen

Buchenwald und Lichtungen im Valle di Muggio

Höhle, etwa einer Ritze in einer Trockenmauer. Schon recht früh im Frühling flattert er dann über die Wiesen. Überaus selten und auch gefährdet ist der Fetthennen-Bläuling. Er ist auf Trockenwiesen mit Steinen oder Mäuerchen angewiesen, da nur auf diesen die Fetthenne wächst, die Futterpflanze seiner Raupen. Im Tal gibt es zudem nicht weniger als neun Arten von Widderchen oder Blutströpfchen; man erkennt sie recht gut an den roten Flecken auf den sonst meist schwarz schimmernden Flügeln.

Reptilien In den naturnahen Gärten und den terrassierten Weiden mit ihren Mäuerchen ist auch die Mauereidechse zu Hause. Auf den sonnengewärmten Steinen kann sie sich aufwärmen, um bei Gefahr blitzschnell in eine Ritze zu verschwinden. «Schöne» Mauern aus Beton oder mit gepflästerten Ritzen nützen ihr nichts. Auch nach einem Jagdausflug, auf dem sie vielleicht Insekten, Spinnen oder Würmer erbeutet hat, kehrt sie gern in eine geschützte und kühle Spalte zurück.

Vögel Im Valle di Muggio brüten etwa 50 Vogelarten, zusammen mit den höheren Lagen am Monte Generoso sind es sogar über 80 Arten. Um die Dörfer herum hat man gute Chancen, den Grün- und den Distelfink, den Grauschnäpper, die Mönchsgrasmücke, den Neuntöter, den Girlitz und die Zaunammer zu entdecken. In den Siedlungen selbst nisten der Gartenrotschwanz, der Italiensperling, die Rauchschwalbe und die Mehlschwalbe. In Gärten und Wiesen mit alten Obstbäumen ist der Wendehals zu Hause – ihn zu sichten, wird jeden «Birder»-Tag zum Glückstag machen. Denn der kleine Specht ist mit seinem braun-beige gesprenkelten Gefieder nicht nur äusserst gut getarnt, er ist mit noch etwa 2000 bis 3000 Brutpaaren in der Schweiz auch recht selten. Seine Bestände haben auch darum abgenommen, weil der Vogel auf alten (Obst-) Bäumen brütet, diese aber immer mehr durch Niederstamm-Plantagen ersetzt

▲ Distelfalter
◀ Zarte Rubinjungfer
▼ Roesels Beissschrecke (Larve)

werden. Zudem braucht er zwischen den Bäumen naturnahe Trockenwiesen mit Steinen und Mäuerchen, denn nur hier findet er seine Leibspeise: Ameisen. Nur schon eine geringe Düngung lässt diese verschwinden, sodass der Wendehals kein Futter mehr findet. BirdLife Schweiz und die Schweizerische Vogelwarte haben deswegen in verschiedenen Kantonen Projekte lanciert, um den kleinen Ameisen-Gourmet wieder anzusiedeln.

Im unteren Teil des Valle di Muggio erwartet die Wanderer zwei Überraschungen. Nach Morbio Superiore fällt der Weg in die enge Breggia-Schlucht ab, und mit den Wasserfällen und überrieselten Moosen, mit den umrankten Bäumen, den Farnen und grossen Hirschzungen-Büscheln ist es, als wäre man in eine tropische Dschungelwelt eingetaucht. Beinahe bizarr wird es dann im unteren Teil der Schlucht, wo rötliche geschwungene Gesteinsschichten das grün schimmernde Breggia-Wasser umfassen. In den etwa 200 Millionen Jahre alten Gesteinen der Schlucht wurden schon zahlreiche Fossilien gefunden – Fische, Belemniten, Foraminiferen und Ammoniten beispielsweise.

Kurz danach wird es auf einen Schlag weit und hell und im Sommer auch heiss. Einige mächtige Ruinen erinnern an die Zeit, als hier ein grosses Zementwerk in Betrieb war. Heute wird das Areal bewusst (und sanft gelenkt) sich selbst überlassen und die blütenübersäten Wiesen und das Gezirpe und Gesumme zeigen, wie schnell hier wieder eine Vielfalt einkehren kann, wenn der Mensch auf Mais und Gülle verzichtet und stattdessen das Ruder der Natur überlässt.

▲ Mauereidechsen-Männchen
▼ In der Breggia-Schlucht

▲ Glockenblume im Schutz einer Holzbeige

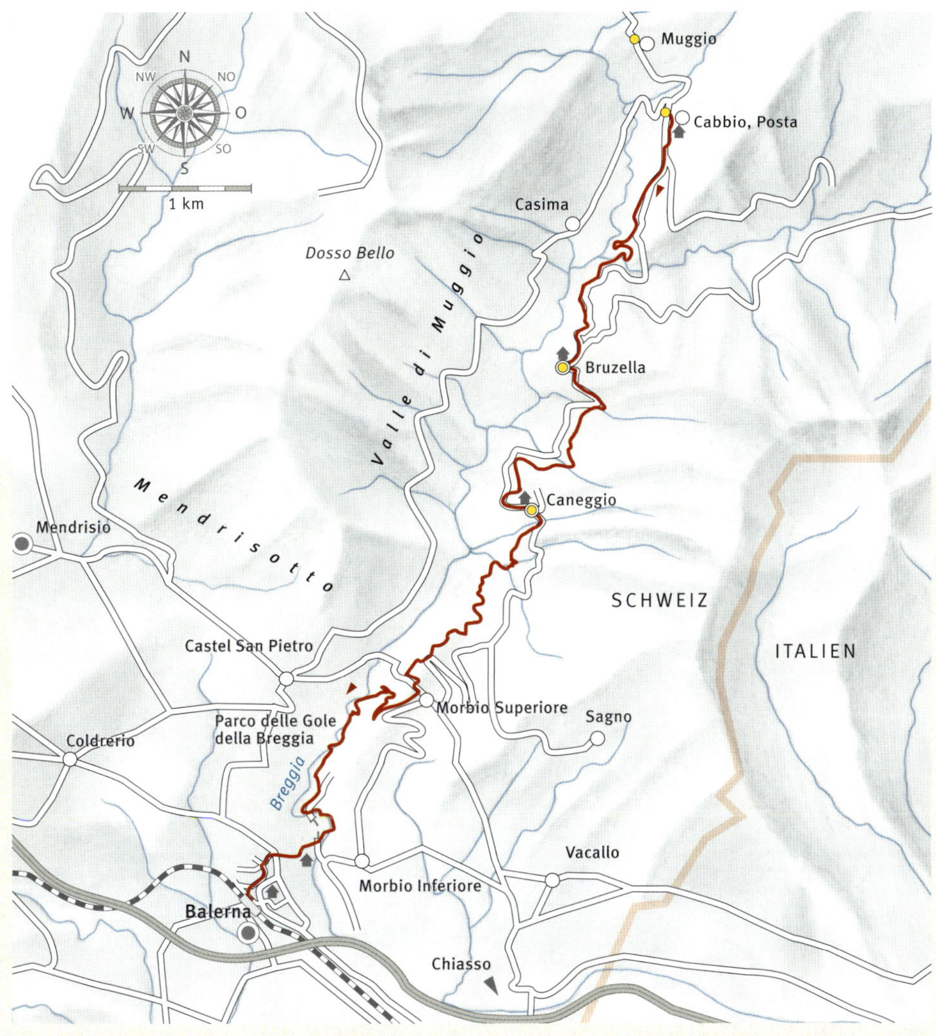

DIE WANDERUNG

Die Wanderung von Cabbio nach Balerna führt durch alle Lebensräume in diesem biodiversen Tal: Buchenwälder und Flusstobel, Lichtungen und Dörfer, und schliesslich auch durch ein renaturiertes Industrieareal. Dank Postauto-Stopps in allen Dörfern kann man die Wanderung nach Belieben verlängern oder verkürzen.

START Bushaltestelle Cabbio, Posta
ENDE Bahnhof Balerna, Stazione oder Bushaltestelle Balerna, Bellavista
ROUTE Gut signalisiert via Bruzella, Caneggio und Morbio Superiore nach Balerna.
LÄNGE 10,8 km
AUFSTIEG 300 m
ABSTIEG 670 m
WANDERZEIT Ca. 3 Std.
SCHWIERIGKEIT T1
EINKEHREN Cabbio, Caneggio, Balerna

FÜR FAMILIEN Einfache Route, spektakuläre Schlucht, Baden, wo ungefährlich

Weitere Infos

www.mendrisiottoturismo.ch,
www.parcobreggia.ch

Die Route auf einer digitalen Karte oder als Download für Karten-Apps.

Wendehals

▲ Braunkehlchen
▶ Magerwiese
bei Vnà

RAMOSCH GR

⑲ DAS (FAST-)PARADIES FÜR WIESENBRÜTER

Etwa 95 Prozent der trockenen und mageren Wiesen und Weiden sind in der Schweiz verloren gegangen. Die grössten Bestände gibt es heute noch im Unterengadin. Obwohl auch hier die Intensivierung der Landwirtschaft grosse Verluste gebracht hat, so ist es immer noch ein guter Lebensraum für wiesenbrütende Vögel.

Es ist Frühsommer, und ein Himmel mit pittoresken weissen Tupfen überzieht die Bergketten im Unterengadin. Die meisten Wiesen sind noch nicht gemäht, und wo der Dünger noch nicht zugeschlagen hat, überziehen die buntesten Wiesen die Sonnenhänge. Das Dunkelblau des Salbeis beugt sich im lauen Lüftchen, ebenso das Weiss der Margeriten und das Pink der Berg-Esparsetten; Myriaden von gelben Blütenpunkten der Habichtskräuter und Pippaus überziehen die Wiesen, und als vorwitzigste recken die Doldenblütler ihre weissen Schirme in die Höhe, voll von Insekten und Käfern aller Art. Und über allem ertönt ein Allegro fortissimo von Tausenden von Heuschrecken.

Highlights Artenreiche Mager- und Trockenwiesen mit Hecken und Gebüschen; wertvoller Lebensraum für Vögel wie das Braunkehlchen, den Neuntöter und den Baumpieper

Schutzstatus Zahlreiche Trockenwiesen und -weiden von nationaler Bedeutung

Jahreszeit Am besten vor der ersten Mahd (je nach Jahr im Verlauf des Juni oder Juli)

Aber auch etwas Merkwürdiges ist auszumachen. Auf einem Schemel an einem Wiesenrand sitzt ein Mann in unauffälliger Kleidung und richtet seinen Blick unablässig durch einen Feldstecher. Nicht in die Bäume, wo vielleicht ein grosser Vogel sitzt, auch nicht in die Berghänge, wo allenfalls ein Hirsch auszumachen wäre – nein, ihn interessiert nur die Wiese. Es ist

▲ Neuntöter
▶ Laufspinne und Bremse
▶ Feldlerche

ein freiwilliger Vogelretter. Denn in den nahen Scheunen der Bauern warten bereits die Mähmaschinen auf ihren lauten Einsatz. In den Wiesen brüten aber immer noch die Vogelpaare oder bringen unablässig Futter zu ihren bereits geschlüpften Jungen – vor allem Braunkehlchen hat der Schemel-Mann im Visier. Käme jetzt bereits die Mähmaschine, würden die Eier oder die Jungmannschaft zerstampft oder zerschnetzelt. Das will er verhindern. Entdeckte Nester werden mit einer Stange markiert, sodass der Bauer hier nicht drüberfährt und auch ein Stück Wiese stehen lässt. Auf diese Weise konnten die Freiwilligen von 2000 bis 2020 etwa 200 bis 250 Bruten des gefährdeten Vogels vor dem Mähtod retten. Eine langfristige Lösung ist dies natürlich nicht, aber immerhin hilft es, den Bestand zu stabilisieren.

Die mageren und trockenen Wiesen, durchsetzt mit langen Hecken und Gebüschen und nur extensiv genutzt, also wenig gedüngt, sind der ökologische Schatz hier im Unterengadin. Wo andernorts in der Schweiz praktisch alle blumenreichen Mager- und Trockenwiesen durch Düngung oder Überbauung verloren gegangen sind (ganze 5 Prozent sind heute schweizweit noch vorhanden), gibt es im Unterengadin noch vergleichsweise grosse Flächen.

Drei typische Brutvögel im Unterengadin und wie es ihnen geht

	Feldlerche	Neuntöter	Braunkehlchen
Bestand in der Schweiz	25 000–30 000	10 000–15 000	7000–9000
Nahrung	Insekten, Samen	Insekten, Kleinsäuger, Reptilien	Insekten
Entwicklung in der Schweiz	Überall Rückgang, im Mitteland heute nur noch 10 % des Bestandes von 1990	Bestand von 1994 zu 2015 um etwa 60 % geschrumpft	Stetig abnehmend, Bestand von 2000 bis 2016 halbiert
Ursache des Rückgangs	Intensive Landwirtschaft, Zersiedelung	Intensive Landwirtschaft, aber auch andere Faktoren	Intensive Graswirtschaft, zu frühe Mahd
Helfen würden	Mehr Brachflächen, spätere Mahd	Mehr dornentragende Hecken und extensive Weiden	Weniger Düngung und Bewässerung, erst nach der Brutzeit mähen (ab dem 15. Juli)

◄ Goldstaub-Laubkäfer
► Echte Wallwurz

Good News
Es gibt im Unterengadin auch Orte, an denen die Wiesenbrüter-Bestände stabil sind oder gar zugenommen haben – dank guter Zusammenarbeit mit Landwirten und einer gerechten Entschädigung. In der Mäiensäss-Stufe sind die Bestände noch teilweise gesund. Ausserordentlich wertvoll sind einige Regionen um Guarda, zwischen Scuol und Ftan, in der Nähe von Brail und nordöstlich von Tschlin; hier konnte gar ein eigentliches «Bodenbrüter-Schutzgebiet» eingerichtet werden.

Aber auch vor dem Unterengadin macht die Intensivierung der Landwirtschaft (wie in anderen Berggebieten) nicht halt. Reiche Blumenwiesen, die nur wenig gedüngt werden, verschwinden, weil gedüngt und bewässert wird, um die Erträge zu steigern. Und es wirkt. Innerhalb kürzester Zeit hat der Bauer zwar eine ertragreiche tiefgrüne Fettwiese, dafür sind das Bunt und das Zirpen und das Flöten der Blumenwiese verschwunden. Und wo es nur noch Grasgrün und Löwenzahngelb gibt, können Insekten nicht überleben – und damit gibt es auch keine Nahrung mehr für Vögel.

Die Schweizerische Vogelwarte erhebt im Engadin jährlich die Zahl der typischen Vogelarten und alle 20 Jahre auch den Zustand der Lebensräume. In den 20 Jahren bis 2010 ist mehr als die Hälfte der Magermatten verschwunden, etwa ein Viertel der gemähten Halbtrockenrasen und etwa ein Fünftel Trockenrasen. Kein Wunder, sind auch die Bestände der typischen Vögel dieser Lebensräume eingebrochen; einige Zahlen findet man in der Aufstellung auf Seite 145. Mitschuld an dieser Entwicklung trägt auch ein fehlgeleitetes Subventionssystem, das zu hohe Tierbestände fördert; noch heute halten viele Landwirte (dank Futterzukauf) mehr Tiere, als die Wiesenfläche ernähren könnte. All die unverträglich hohe Güllemenge landet dann allerdings auf den Wiesen, mit verheerenden Folgen für die Insekten- und Vogelwelt.

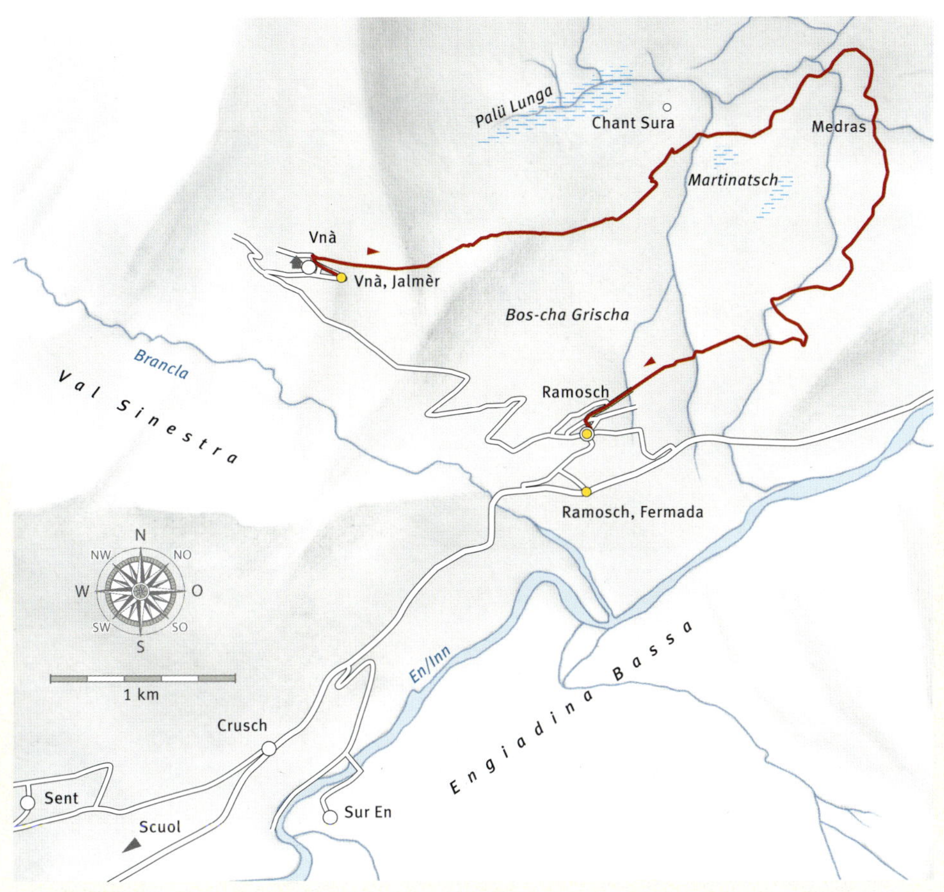

DIE WANDERUNG

Die Wanderung von Vnà nach Ramosch ist ideal für einen Wiesenbummel; sie führt meistens sanft abwärts, und bei knapp acht Kilometern Länge hat man wunderbar Zeit zum Beobachten und Fotografieren. Man sollte sie auf jeden Fall vor dem ersten Schnitt der Wiesen unternehmen, am besten Ende Mai oder im Juni.

START Bushaltestelle Vnà, Jalmèr
ENDE Bushaltestelle Ramosch, Fermada
ROUTE Auf markierten Wanderwegen via Medras nach Ramosch.
LÄNGE 7,8 km
AUFSTIEG 170 m
ABSTIEG 610 m
WANDERZEIT Ca. 2¼ Std.
SCHWIERIGKEIT T1
EINKEHREN Vnà
FÜR FAMILIEN Einfache Route

Weitere Infos

www.scuol-zernez.engadin.com

Die Route auf einer digitalen Karte oder als Download für Karten-Apps.

Larve eines Grünen Heupferdes

In der Combe Grède

ALTE UND NEUE URWÄLDER

▶ In der Combe Grède

COMBE GRÈDE BE

⑳ NEUES LEBEN IN DER ALTEN SCHLUCHT

Der Chasseral ist als beinahe höchster Gipfel des Jura einer der beliebtesten Aussichtspunkte. Was wenige wissen: An seiner Nordflanke verbirgt sich eine uralte Schlucht – eine geheimnisvolle Welt, in der es tropft und hallt, gurgelt und rumpelt, und eine Welt voller alter Geschichten und merkwürdiger Kreaturen.

Die langen bewaldeten Ketten des Jura sind immer wieder von Schluchten durchschnitten, und meist führen hier auch Strassen oder gar Bahnlinien durch. Der Chasseral aber, hoch über dem Bielersee, war ein zu grosses Hindernis und die Wasser schafften es nicht, die 130 bis 180 Millionen Jahre alten Kalksteinschichten ganz zu durchbrechen. Es entstand eine tief eingeschnittene Kerbe, eingefasst an manchen Seiten von mehreren Hundert Meter hohen Felswänden: die Combe Grède.

Im 19. Jahrhundert verschwand fast der ganze Wald, der die Hänge bedeckte, in den Öfen der Von-Roll-Eisenhütten in Gerlafingen – das Land war ausgebeutet und kahlgeschlagen. Erst mit den strikten neuen Gesetzen zum Schutz der Schweizer Wälder nahm der Raubbau ein Ende und der Wald konnte die Hänge langsam wieder in Besitz nehmen.

Auf einer Wanderung von Villeret auf den Chasseral ist man aber bei Weitem nicht nur im Wald unterwegs. Vielmehr erstaunt es, wie viele ganz unterschiedliche Lebensräume hier

Highlights Spektakulärer Weg durch eine Klus mit urtümlichem Wald, artenreiche Trockenwiesen und -weiden

Schutzstatus Regionaler Naturpark Chasseral, Pro-Natura-Schutzgebiet Combe-Grède, kantonales Naturschutzgebiet, Trockenwiesen und -weiden von nationaler Bedeutung, mehrere Waldreservate

Jahreszeit Frühsommer bis Herbst

▲ Metallischer Grabkäfer
▶ Grosser Pestwurzrüssler
▼ Weinbergschnecken
▶ Kleiner Fuchs

auf kleinem Raum versammelt sind. Natürlich dominiert im Kessel der Combe Grède der Wald mit Buchen, Fichten und Bergahornen. Aber da gibt es auch Felswände und Geröllhalden, einige in der Sonne, andere fast den ganzen Tag im kühlen Schatten; da gibt es feuchte Wiesen und andere, die sich über trockene Hänge ausbreiten, und da gibt es in den höheren Lagen auch Weiden und felsdurchsetzte Fluren. Ein eindrückliches Erlebnis ist der Weg durch die Schlucht; aufwendig angelegt, führt er über Brücken, hangelt sich an Felswänden entlang und klettert schliesslich kühn und in zahlreichen Kehren die Felsabbrüche hoch.

Wer langsam und aufmerksam unterwegs ist, entdeckt auf Blättern, am Boden oder auf morschen Stämmen immer wieder kleinere oder grössere Schnecken. Zu den Raritäten im Jura gehört *Cochlodina orthostoma,* eine Schliessmundschnecke. Sie besitzt ein sogenanntes Clausilum, mit dem sie das Gehäuse nach dem Rückzug in dieses fest verschliessen kann. Die Art ist in der Schweiz stark gefährdet. Ausschliesslich im Jura kommt die Glatte Jura-Haarschnecke vor. Mit einem Smartphone ist es ja nicht schwierig, die Tiere auf den Sensor zu bannen, und dass die Motive nicht allzu schnell unterwegs sind, ist natürlich überaus hilfreich. Wem gute Bilder gelingen: Das CSCF, das Centre Suisse de la Cartographie de Faune, ist dankbar für alle Fundmeldungen mit Bildern, entweder auf www.webfauna.cscf.ch (Webfauna) oder über die Webfauna-App.

Feldlerche
im Singflug

Denn den Schnecken in der Schweiz geht es nicht gut: Von den etwa 180 Landschneckenarten sind 40 Prozent bedroht. Am schlechtesten geht es Arten, die in Feuchtgebieten, Trockenwiesen und Ruderalflächen leben. Die Gründe: Feuchtgebiete wurden trockengelegt, Bäche kanalisiert, Ufer befestigt und Landwirtschaftsland wird zu intensiv bebaut.

Heute strahlt der Wald in der Combe Grède manchenorts wieder einen urwaldähnlichen Charakter aus – und wo der Wald alt und urig ist, da gefällt es auch den Vögeln. Etwa 50 Arten leben im Gebiet der Schlucht und fast 40 davon brüten auch hier. Besonders alte und morsche Baumstämme sind begehrt; hier können sie Bruthöhlen bauen und finden allerhand Kleingetier als Nahrung. Zu diesen Vögeln gehört etwa der Schwarzspecht; mit seinen 45 bis 57 cm Körperlänge ist er die grösste europäische Spechtart. Meist wird man ihn hören, bevor man ihn sieht. Das charakteristische «kwui-kwui-kwui-kwui-kwui» oder das lang gezogene «kliööh» hört man sich am besten vorher schon an auf www.vogelwarte.ch an. Zwischen Baumwurzeln oder in Felsspalten in der Nähe des Baches nistet die Gebirgsstelze, und in den Felswänden der Klus brütet der Wanderfalke.

Haben Sie schon einmal einen der eindrücklichsten Gesänge unter unseren Vögeln gehört, den Gesang der Feldlerche? Unzählige Dichter haben ihn

◀ Alter Bergahorn
▶ Blick von oben auf die Combe Grède

gepriesen und blumig beschrieben. Und wer das Lied der Feldlerche einmal selbst gehört hat, wird es nie mehr vergessen. Während mehrerer Minuten steigt das Männchen immer höher in die morgendliche Frühlingsluft und schmettert ein endloses Solo von trillernden und jubilierenden Strophen in die Landschaft. Mühelos kann das kleine Vögelchen ein ganzes Tal bis zu fünf Minuten füllen – ohne eine einzige Pause. Mit dieser unglaublichen Leistung markiert es sein Revier und will auch Weibchen anlocken. Ab etwa Ende März bis Anfang Juli hat man gute Chancen, diesen spektakulären Gesang in den Wiesen und Weiden oberhalb der Baumgrenze selbst zu erleben. (Bitte auf den Wegen bleiben und Hunde an der Leine halten; Nester gehen immer wieder unter Füssen und in Gebissen verloren.)

Wie den Schnecken geht es auch den Feldlerchen in der Schweiz nicht gut; in weiten Teilen des Mittellandes haben die Bestände stark abgenommen. Das Problem: Das Land wird zu intensiv genutzt und die Mähmaschinen – auch noch zu früh im Jahr unterwegs – zerstören die Gelege, die offen auf dem Boden angelegt werden. Mit Brachland und einer Extensivierung der Landwirtschaft kann den Vögeln aber geholfen werden.

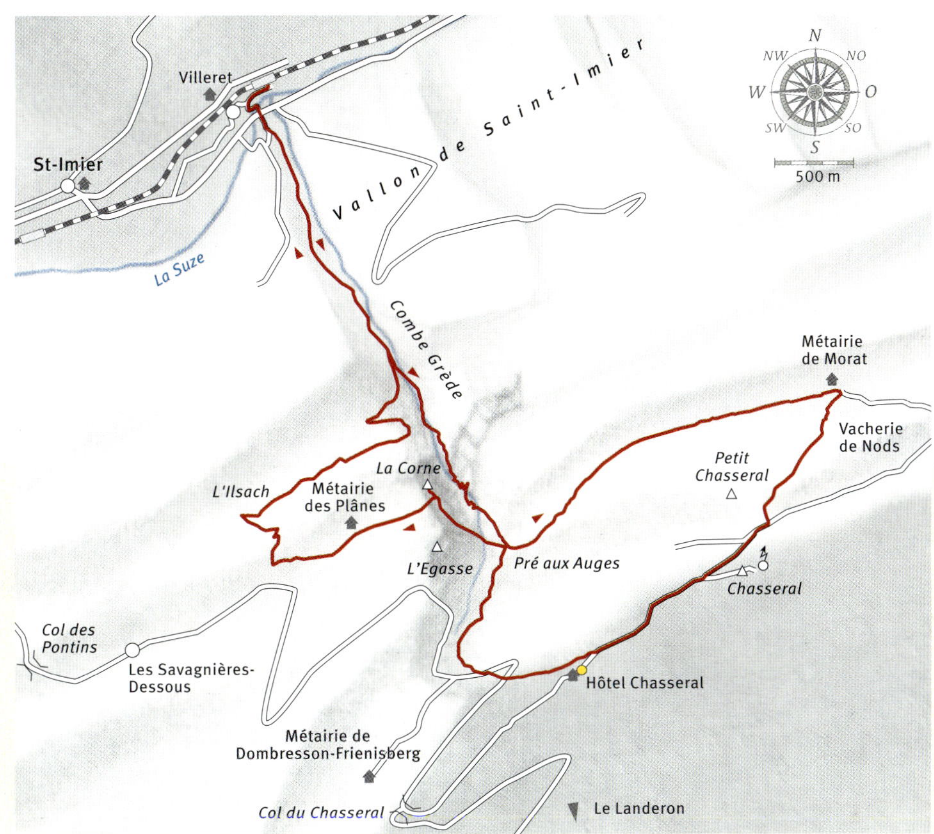

DIE WANDERUNG

Diese Rundwanderung führt durch alle Lebensräume zwischen dem Kluseingang und dem Chasseral. Wichtig: Die Route ist nur von etwa Mitte Mai bis November offen; im Winterhalbjahr werden Wegsicherungen entfernt.

START UND ENDE Bahnhof Villeret
ROUTE Via Combe Grède und Métairie de Morat auf den Chasseral. Dann via La Corne und L'Ilsach zurück nach Villeret.
LÄNGE 17 km
AUF- UND ABSTIEG Je 1000 m
WANDERZEIT Ca. 6 Std.
SCHWIERIGKEIT T2–T3, einige Leitern und Abschnitte in abschüssigem Gelände
EINKEHREN/UNTERKUNFT Métairie de Morat, Chasseral, Métairie des Plânes, Métairie de Nods

VARIANTE Von Mai bis Oktober fahren an Wochenenden Postautos vom Hotel auf dem Chasseral Richtung Saint-Imier oder La Neuveville; damit kann man sich auch nur den Aufstieg oder nur den Abstieg vornehmen.

Weitere Infos

www.j3l.ch mit Stichwort «Combe Grède», www.parcchasseral.ch

Die Route auf einer digitalen Karte oder als Download für Karten-Apps.

Haarschnecke

GALMWALD UND AURIED FR, BE

21 URIGE EICHEN HOCH ÜBER DER KLEINEN AUENLANDSCHAFT

▲ Turmfalke
▶ Auf dem Eichenpfad

In der unscheinbaren Hügellandschaft zwischen Murten und Laupen würde man als Nicht-Kenner vielleicht keine Naturschätze vermuten. Weit gefehlt – und dies gleich in zweifacher Hinsicht. Denn hier gibt es einen der schönsten Eichenwälder der Schweiz und zudem ein 15 Hektar grosses Juwel eines Feuchtgebiets.

Alte, urwüchsige Eichen gehören zu den eindrücklichsten Wesen in der Pflanzenwelt; mit ihren dicken Stämmen und ihren oft wild verrenkten Ästen, die wie die starken Arme eines Riesen sich in den Himmel krallen, wirken sie wie Kreaturen aus einer fantastischen Geschichte. Erst recht berühren uns alte Eichenwälder, in denen Methusaleme neben gefallenen, verrottenden Riesen stehen und der Jungwuchs überall spriesst und kriecht und zwitschert – das pralle Leben.

Zu den bekanntesten Eichenwäldern in der Schweiz gehören der Güttinger Wald beim Bodensee und das Niederholz bei Marthalen. Besonders viele Eichenwälder gibt es aber noch in der Westschweiz, an den warmen, sonnigen Jurasüdhängen. Und auch auf einem Hügelrücken hoch über Murten gibt es einen: den Galmwald. Er ist ein wahres Kuriosum, denn er bildet eine eigene Gemeinde mit allem, was dazugehört: Land, Grenzen und sogar

Highlights Uralter Eichenwald mit mehr als 300-jährigen Eichen; neu geschaffenes Feuchtgebiet mit zahlreichen seltenen Tieren
Schutzstatus Pro-Natura-Naturschutzgebiet, Amphibienlaichgebiet von nationaler Bedeutung
Jahreszeit Am besten März/April bis Oktober

UND MYTHOLOGIE

Natur-Tipp
Etwa hundert Meter waldeinwärts des Galmguets liegt die Forsthütte des Galmwaldes. Hier beginnt ein etwa zwei Kilometer langer Rundweg, der zum 300. Geburtstag der Eichenpflanzungen angelegt wurde. Am Weg trifft man etwa auf die «Grossmutter», mit 35 Metern Höhe eine der grössten Eichen im Galmwald. Der Rundweg eignet sich auch für Kinder – auf einigen Tafeln spricht die Fee Galmeline speziell zu kleinen Besuchern und Forscherinnen.

ein Wappen. Nur menschliche Einwohner hat sie keine – ihre Bürgerinnen sind 300 Jahre alte Eichen.

Gut ist es diesem Wald aber nicht immer gegangen. Ab dem 14. Jahrhundert litt er sehr unter der Holzfäller-Axt und dem Appetit der Schweine, die man im Wald wegen der nahrhaften Eicheln weiden liess. Bern und Freiburg zogen als Notprogramm den Wald unter ihre Verwaltungsfittiche und verordneten 1713, auf einer grösseren Fläche wieder Eichen zu pflanzen. Viele der Eichen, die damals gepflanzt wurden, stehen heute noch und haben ihren 300. Geburtstag bereits hinter sich.

Ein Tier ist ganz besonders auf Wälder mit grossen, alten Eichen angewiesen: der Mittelspecht. Er ist ähnlich gross wie der Buntspecht und ebenfalls schwarz-weiss-rot gefärbt; im Gegensatz zum Buntspecht ist sein Scheitel aber auffällig rot. Gut zu wissen als Mittelspecht-Fotojäger: Der Vogel trommelt nur selten, stattdessen hört man von ihm in der Brutzeit ein klagendes Quäken. Mit seinem eher kurzen Schnabel stochert er in der Rinde nach Insekten. In der Schweiz und auch in Europa steigen seine Bestände seit etwa den Neunzigerjahren wieder an; einerseits werden Eichenwälder geschützt und gefördert und anderseits bedeutet der Klimawandel eine geringere Wintersterblichkeit und ein besseres Nahrungsangebot.

◄ Das Auried
▲ Kiebitz
▼ Blässhuhn

Von der Kiesgrube zum Kiebitz

Gegen Ende der gut dreistündigen Wanderung erreicht man an der Saane das Auried, eine wunderschöne kleine Landschaft von Weihern, Tümpeln, Kiesflächen und Gehölzen. Sie hat eine sehr wechselvolle Geschichte hinter sich. Bis zum Beginn des 20. Jahrhunderts war die Auenlandschaft fast unberührt. Ab den Dreissigerjahren ging es dann schnell bergab: Der Mensch rodete die Wälder, schüttete auf und legte Felder an. Später wurde eine Kiesgrube eröffnet (die immerhin wieder einige vertriebene Auenbewohner anlockte), danach wurde diese gar als Abfalllager- und -verbrennungsplatz genutzt. In den Siebzigerjahren schliesslich kam es zum Showdown zwischen den Naturschützerinnen und den Ausbeutern. Zum Glück hatten erstere die besseren Argumente, denn mit einem Inventar konnten sie zeigen, dass hier bereits wieder viele seltene Tier- und Pflanzenarten zu Hause waren. 1981 konnte Pro Natura das Gebiet schliesslich kaufen.

Dank einer sanften Neugestaltung und eines durchdachten Pflegekonzepts ist das Auried heute wieder ein wertvolles Feuchtgebiet mit verschiedenen Sukzessionsstadien, von der kiesigen Pionierfläche bis zum Auenwald. Seit einigen Jahren wird das Gebiet auch von Schottischen Hochlandrindern gepflegt: Indem sie durch die Beweidung die Verwaldung verhindern, erhalten sie den

▲ Im Eichenwald

▶ Erdkröten

Auencharakter des Gebiets. Von einem kleinen Wegnetz und einem Beobachtungsturm aus kann man das Gebiet wunderbar erforschen und beobachten.

In den Tümpeln sind nicht weniger als acht Amphibienarten heimisch, unter ihnen die Erdkröte, der Faden- und der Kammmolch, die Gelbbauchunke und sogar der knallgrüne Grasfrosch. Im Mai und Juni sind hier seine Balzrufe in der abendlichen Dämmerung wahrlich unüberhörbar, wurden doch in einem Abstand von 50 Zentimetern schon 87 dB gemessen – über längere Zeit definitiv nicht Suva-konform. Über der Wasseroberfläche und an den Blattspreiten können Libellen beobachtet werden; in einer Studie hat ein Forscher fast 30 Arten identifizieren können.

Natürlich gefällt es in einem so seltenen, abwechslungs- und nahrungsreichen Lebensraum auch den Vögeln. 190 verschiedene Arten wurden im Auried schon gesichtet, und etwa 60 von ihnen gefällt es so gut, dass sie hier gleich brüten und ihre Jungen aufziehen. Zu den seltenen Brutvögeln hier gehören die Zwergdommel, der Drosselrohrsänger und der Kiebitz. Während der Zugzeiten sind mit Geduld auch «Leckerbissen» wie der Bruchwasserläufer und die Bekassine anzutreffen.

DIE WANDERUNG

Mit knapp vier Stunden Wanderzeit, aber nur ganz bescheidenen Auf- und Abstiegen hat man hier mit mässigem Aufwand viel Natur auf dem Programm. Wer es noch kürzer (oder mehr Zeit zum Beobachten und Fotografieren) haben möchte, kann sich auch nur den Galmwald oder das Auried vornehmen.

START Bushaltestelle Salvenach, Schulhaus
ENDE Bahnhof Laupen BE
ROUTE Via Galmguet auf den Eichenlehrpfad «Galmeline». Vom Galmguet weiter via Allmend, Liebistorf und das Auried nach Laupen BE.
LÄNGE 15,7 km
AUFSTIEG 140 m
ABSTIEG 210 m
WANDERZEIT Ca. 4 Std.
SCHWIERIGKEIT T1
EINKEHREN Salvenach, Laupen
FÜR FAMILIEN Keine kurze, aber eine einfache Route; Lehrpfad für Kinder

Weitere Infos

www.galm-murtensee.ch, www.fribourgregion.ch

Die Route auf einer digitalen Karte oder als Download für Karten-Apps.

▲ Im Auried
▼ Die Eichenlehrpfad-Fee weist den Weg

ALETSCH VS

㉒ IM ALTEN WALD HOCH ÜBER DEM GLETSCHER

▲ Gämse bei der Rieder Furka
▶ Arve im Aletschwald

Der grösste Gletscher der Schweiz in einer hochalpinen Landschaft, ein Beinahe-Urwald mit jahrhundertealten Lärchen und Arven und dazu auch noch beste Chancen, Rothirsche und Gämsen zu beobachten – diese Wanderung beim Aletschgletscher ist gleichzeitig etwas vom Feinsten und Eindrücklichsten in unserem Land.

Der Aletschwald ist nichts für Warmduscher. Oder jedenfalls nichts für Spätaufsteherinnen. Denn wer erst gegen die Mittagszeit hier auftaucht, hat meistens das Beste verpasst: die Morgensonne, die ihre Strahlen über das Wannen- und Eggishorn schickt und das Eis des Aletschgletschers aufleuchten lässt, das weiche Licht, das die Kraft der beinahe tausendjährigen Arven am besten zur Geltung bringt, und schliesslich auch die Gämsen und die Rothirsche – sie sind schon am frühen Morgen über den Härdernagrat gewechselt und nun unten im dichten und unzugänglichen Wald verschwunden.

Die beiden Tierarten wissen nur zu gut, dass man vor den Menschen auf der Hut sein sollte. Die Rothirsche litten derart unter der Schiesswut der Jäger, dass sie in der Mitte des 19. Jahrhunderts in der Schweiz praktisch ausgestorben waren. In den Dreissigerjahren setzte man sie in der Nähe des Aletschwalds wieder aus; das nahm aber ein tragisches Ende, denn die Tiere wurden mitten in einen harten Winter geworfen – und überlebten ihn nicht. Einige Jahrzehnte später

Highlights Uriger Bergwald, hochalpine Landschaft mit dem grössten Eisstrom der Alpen, gute Chancen, Rothirsche und Gämsen zu beobachten
Schutzstatus UNESCO-Welterbe Swiss Alps Jungfrau-Aletsch, Pro-Natura-Naturschutzgebiet, geschützte Hochmoore, Waldreservat, Wildtierschutzgebiet
Jahreszeit Frühsommer bis Herbst

◀ Wanderinnen im Aletschwald
▶ Felsen-Leimkraut

besiedelte der Rothirsch dann das Gebiet vom Oberwallis aus auf natürliche Weise.

Ähnlich erging es der Gämse. Als 1933 der Aletschwald durch die heutige Pro Natura unter Schutz gestellt werden konnte, lebten gerade noch zehn bis zwanzig Tiere im Gebiet. Nachdem die Gewehre verstummt waren, erholten sich die Bestände aber rasch; bereits zehn Jahre später waren es über 400 Gämsen. Das war für den Wald und seine Verjüngungskraft allerdings wieder zu viel; ein harter Winter 1962/63 sorgte jedoch dafür, dass die Bestände wieder auf ein baumverträgliches Mass sanken.

Neben diesen beiden «Zugpferden» ist der Aletschwald natürlich noch für viele andere Tiere eine Heimat, die seine Ursprünglichkeit und seine Ruhe schätzen – zumindest abseits der Wege. Dazu gehört eine ganze Reihe von Säugetieren: Reh, Fuchs, Dachs, Haus- und Baummarder, der Schnee- und der Feldhase und schliesslich das Eichhörnchen und das Hermelin. Das Hermelin, das man vom kleineren, aber ähnlichen Mauswiesel am schwarzen Schwanzende unterscheiden kann, fühlt sich auch noch ganz oben auf dem Bettmerhorn, auf 2800 Metern, pudelwohl. Auch Murmeltiere kann man in der Region beobachten, allerdings weniger im Aletschwald; will man ihren Kämpfen und Spielen im Frühjahr zuschauen oder dem Fett-Anfressen und Heu-Einbringen im Sommer, hat man an den Hängen oberhalb der Riederalp und der Bettmeralp die besten Chancen.

Braunellen statt Schwellen!

Dem Aletschwald ging es beileibe nicht immer so gut wie heute. Im 19. Jahrhundert führte der Bedarf an Schwellen für die neuen Eisenbahnen zu grossen Holzschlägen im Wald. Später endeten riesige Mengen an Holz in den Brennöfen, in denen aus Kalk Branntkalk gewonnen wurde, aus dem man zusammen mit Wasser Kalkmörtel herstellen konnte. (Noch heute sieht man die Überreste

Der grosse Aletsch-gletscher

dieser Kalk-Brennöfen am Wegrand, etwa im Teiffe Wald im südwestlichen Teil des Aletschwaldes.) Und schliesslich wurden über Jahrhunderte Ziegen und Kühe in den Wald geschickt. Sie setzten dem Jungwuchs arg zu, sodass mit der Zeit – zusammen mit dem Holzschlag – ein überalterter Aletschwald zurückblieb.

Der Aletschwald und die angrenzenden Matten und Weiden sind auch Heimat zahlreicher Vögel. Mehr als 60 Arten brüten im Schutzgebiet. Zu den häufigeren gehören der Kuckuck, der Buntspecht, der Baumpieper (am Riederhorn), der Zaunkönig, die Heckenbraunelle, das Rotkehlchen und auch verschiedene Drosseln und Meisen. Vor allem oberhalb des Waldes, in Matten oder in felsigen Regionen, brüten das Alpenschneehuhn, die Feldlerche und die Alpenbraunelle. Am auffälligsten ist aber der Tannenhäher; den etwa taubengrossen Vogel erkennt man gut am dunkelbraun-weiss gesprenkelten Gefieder und am lauten und wiederholten «dschrääh – dschrääh». Der Vogel ist überaus fleissig und versteckt im Verlauf des Sommers bis zu 100 000 Arvennüsschen im Waldboden, die er dann im Winter wieder holt. Und mit etwas Glück und Geduld kann man hier auch ein Birkhuhn oder einen Steinadler entdecken.

▲ Hirschkuh
▼ Arven im Aletschwald

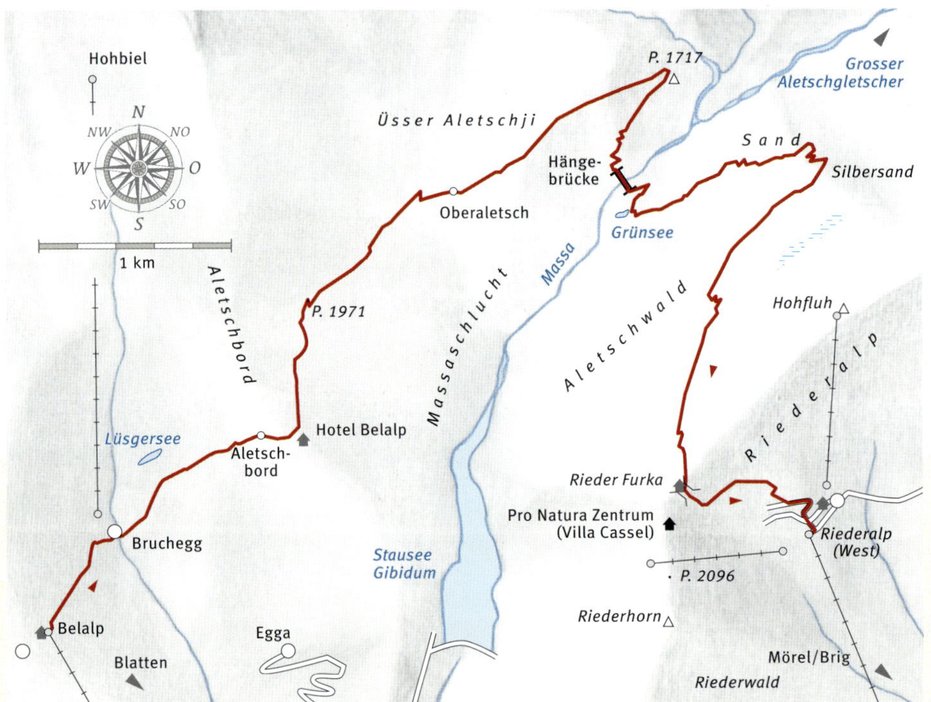

DIE WANDERUNG

Diese Wanderung verbindet alle Highlights der Region: den Blick auf den Aletschgletscher, die Hängebrücke über die Massa-Schlucht und schliesslich den Aletschwald.

START Belalp, Bergstation der Luftseilbahn
ENDE Bushaltestelle Riederalp West
ROUTE Via Hotel Belalp zur Hängebrücke über die Massa-Schlucht, dann via Silbersand und die Rieder Furka zur Riederalp.
LÄNGE 11 km
AUFSTIEG 680 m
ABSTIEG 860 m

WANDERZEIT Ca. 4¼ Std.
SCHWIERIGKEIT T2, luftige Hängebrücke
EINKEHREN, UNTERKUNFT Belalp, Hotel Belalp, Rieder Furka, Riederalp
FÜR FAMILIEN Einfache Route, Naturzentrum mit Veranstaltungen und Wildbeobachtungstouren
KÜRZERE VARIANTE Mit einem Start (und Ende) auf der Riederalp und einer Rundwanderung über die Rieder Furka und zum Punkt 2096 ergibt sich eine Wanderung von etwa 2¾ Std. (7,8 km und je 440 m Auf- und Abstieg).

Weitere Infos

www.pronatura-aletsch.ch, www.aletscharena.ch

Rote Waldameise

Die Route auf einer digitalen Karte oder als Download für Karten-Apps.

SIHLWALD UND LANGENBERG ZH

23 UR-WALD UND UR-TIERE VOR DEN TOREN DER GROSSSTADT

▲ Wolf im Tierpark Langenberg
▶ Alte Buchen im Sihlwald
▼ Fischotter im Tierpark Langenberg

Mit einem Tag im Wildnispark Zürich hat man gleich zwei Naturerlebnisse im Sack: im Sihlwald eine Wanderung durch einen Fast-Urwald und im Besucherzentrum Sihlwald und im Tierpark Langenberg Begegnungen mit seltenen Tieren wie Fischotter, Wisent, Bär und Wolf.

Bären und Wölfe, Luchse und Otter, Hirsche und Wisente – sie alle waren in früheren Zeiten in den ausgedehnten Wäldern und Flusslandschaften Westeuropas zu Hause. Doch mit der Ausbreitung des Menschen ging es ihnen an Pelz und Kragen – sie wurden weniger und mussten sich in einige abgeschiedene Gebiete zurückziehen oder sind ganz ausgestorben. Doch glücklicherweise hat beim Menschen auch ein Bewusstseinswandel eingesetzt: Solche Tiere zu verlieren darf nicht sein, und – wo immer dies möglich ist – sie sind eine grosse Bereicherung des Lebensraums, den wir mit ihnen teilen. So breiten sich manchenorts die Populationen von Bären und Wölfen wieder aus, Luchse werden angesiedelt, und sogar Wisente sieht man hier und dort wieder, wenn auch meist in Gehegen.

Highlights Ein Wald auf dem Weg zum Urwald; Fischotter-Anlage im Besucherzentrum; Wisente, Bären, Wölfe und andere Tiere im Tierpark Langenberg
Schutzstatus Erster Naturerlebnispark der Schweiz, Waldreservat, einige Flachmoore
Jahreszeit Ganzjährig möglich, aber am schönsten von Mai bis Oktober

Ein solcher Ort ist der Tierpark Langenberg in der Hügellandschaft oberhalb von Thalwil, der älteste Zoo der Schweiz. Hier gibt es alle oben genannten Tiere in relativ grosszügigen Anlagen, dazu auch noch Gehege für Elche, Steinböcke, Wildkatzen und Murmeltiere. Seit 1987 werden im Tierpark auch Przewalski-Pferde gezüchtet.

◀ Alte Buchen auf der Albis-Kette
▶ Wisent im Tierpark Langenberg

Diese Schwesterart unseres bekannten Hauspferds besiedelte einst grosse Teile der eurasischen Steppe. Durch Bejagung und Konkurrenz durch Weidetiere des Menschen gingen ihre Bestände überall ein – 1969 wurde das letzte Exemplar in freier Wildbahn gesichtet. Dank eines grossen Zuchtprogramms gibt es heute wieder etwa 2000 Przewalski-Pferde; «überschüssige» Tiere werden in mehreren Naturschutzgebieten, hauptsächlich in der Mongolei, ausgewildert.

Was man kaum weiss: Auch in Westeuropa gab es einmal Wildpferde. Der Lebensraum des sogenannten Tarpan erstreckte sich von der Wolga im Osten westwärts bis nach Deutschland und Frankreich und möglicherweise bis nach Spanien. Noch im 12. Jahrhundert soll der Tarpan in Dänemark recht häufig gewesen sein und wurde regelmässig gejagt. Wahrscheinlich 1879 wurde das letzte Exemplar in der Ukraine getötet.

Natur-Tipp
Wer diese Wanderung im Sihlwald unter die Füsse nimmt, sollte sich das Besucherzentrum Sihlwald nicht entgehen lassen. Für Kinder gibt es einen Wildnis-Spielplatz und einen Detektiv-Parcours. Gleich daneben liegt die neue Fischotter-Anlage; den putzigen, stets aktiven Tieren könnte man stundenlang zusehen. In einer unterirdischen Anlage gibt es zudem Süsswasserfische in einem grossen Aquarium.

Vom Holzwald zum Urwald

Etwa zwei Kilometer südlich des Tierparks Langenberg beginnt der Sihlwald. Er gehört seit Jahrhunderten der Stadt Zürich und wurde intensiv genutzt. Über 500 Jahre flösste man die Holzstämme auf der Sihl in die Stadt. In den Jahren um 1870 wurde dann gar ein kleines Netz von Waldeisenbahnen gebaut, mit denen das Holz aus dem Wald transportiert wurde. Von der Sihl reichten die Geleise bis kurz unter den Albisgrat. Mit dem Bau von Waldstrassen für die nun vorhandenen Lastwagen wurde dieses Schienennetz allerdings abgebaut.

Gegen Ende des 20. Jahrhunderts setzte auch bei der Waldnutzung ein Umdenken ein. Ein Pionier war der Zürcher Stadtforstmeister Andreas Speich. Er hinterfragte die allgemeine Denkweise, dass jeder Quadratmeter Wald durch den Menschen (aus-)genutzt werden soll. Er hatte die Vision, dass der Sihlwald nicht einfach ein Holzlieferant sein soll. Mit seiner Nähe zur Stadt, seiner Grösse und Vielfältigkeit sollte er ein Naturwald werden – ein Wald, der sich zu einem Urwald hin entwickeln darf, wo die Menschen der Region natürliche Prozesse sehen und erleben können. Und die Vision trug Früchte: Seit 1996 wird im Sihl-

Schwarzmilan

wald kein Holz mehr geschlagen und seit 2010 ist der immerhin 12 Quadratkilometer grosse Wald der erste offizielle Naturerlebnispark der Schweiz. Er wird von einer Stiftung betrieben, in der die Stadt Zürich, die anliegenden Gemeinden, der Kanton und auch Pro Natura vertreten sind.

Der Sihlwald ist der grösste Laubmischwald des Mittellandes und mit seiner «wilden» Topografie auch ausserordentlich vielfältig. Nicht weniger als 54 verschiedene Waldgesellschaften kommen hier vor; am verbreitetsten sind Waldmeister- und Waldhirsen-Buchenwälder; auf kalkreicheren Böden gedeihen Buchenwälder mit Lungenkraut, Aronstab und Zahnwurz als charakteristische Pflanzen der Krautschicht. Eine Spezialität des Sihlwalds und der Albiskette sind die Eiben. Ihr hartes, elastisches und kaum faulendes Holz war früher bei Handwerkern höchst begehrt – entsprechend selten ist heute der Baum. Im Sihlwald stösst man heute immer wieder auf Eiben, einige von ihnen sind wahrscheinlich mehrere Hundert Jahre alt.

Mit der Vielfalt an Waldlebensräumen und vor allem mit den vielen alten Bäumen und auch den umgefallenen, morschen Stämmen ist der Sihlwald für Vögel ein besonders wertvoller Lebensraum – über 60 Arten sind hier zu Hause.

Einige seltene Vögel im Sihlwald

Sperber Für den Vogel, der zu Beginn des 20. Jahrhunderts stark verfolgt wurde und später auch unter Giften wie DDT litt, ist der Sihlwald ein wichtiges Rückzugsgebiet.

Hohltaube Diese nahe Verwandte der Strassentaube fällt im Gegensatz zu letzterer überhaupt nicht auf, sondern lebt eher scheu und zurückgezogen in Wäldern und Kulturland. Sie brütet gern in hohlen Bäumen.

Dreizehenspecht Auch er ist ein recht heimlicher Vogel. Er ist auf alte Wälder angewiesen, in denen er aus alten und absterbenden Stämmen Insekten herausgrübelt. Dank des wachsenden Anteils an Alt- und Totholz hat er vor einigen Jahren wieder Fuss gefasst im Sihlwald.

Sperber

Auch unzählige kleinere Tier- und Pflanzenarten profitieren davon, dass der Sihlwald immer mehr mächtige, alte und auch umgefallene, morsche Bäume enthält. Besonders liegendes und sich langsam zersetzendes Totholz ist nämlich alles andere als tot! Zusammen mit Wissenschaftlern und Expertinnen wurden in den letzten Jahren einige Artengruppen genauer unter die Lupe genommen. Und dabei wurden Kreaturen gefunden, die lange Zeit als regional ausgestorben galten, mit der immer besser werdenden Urwald-Qualität des Sihlwalds nun aber wieder vorkommen.

Neu entdeckte «Urwald»-Arten im Sihlwald

Käfer Die Forscher entdeckten im Sihlwald den Käfer *Mycetochara flavipes* aus der Familie der Schwarzkäfer – es war dies der allererste Fund in der Schweiz. Ein schönes Zeichen für den Wert von Totholz für die Artenvielfalt.

Moose Seit etwa 1880 ist das Grüne Koboldmoos, *Buxbaumia viridis,* in der Region nicht mehr gefunden worden. Die Wissenschaftlerinnen entdeckten es im Sihlwald dann gleich 14 Mal. Und sie stiessen noch auf vier andere Moosarten, die in der Region seit mehr als 100 Jahren nicht mehr gesehen wurden.

Pilze Sie sind geradezu scharf auf morsches Holz und besiedeln es schon nach wenigen Jahren: Im Sihlwald entdeckten die Forscher nicht weniger als 40 stark gefährdete oder verletzliche Arten – darunter etwa den Lilafarbenen Weichporling, einen lila leuchtenden Pilz, der bisher nur elf Mal in der Schweiz gefunden wurde.

Flechten Flechten besiedeln altes und totes Holz viel langsamer als Pilze. Es dauert in der Regel ein paar Jahrhunderte, bis sie einen neuen, geeigneten Lebensraum besiedeln. Die etwa 30 Jahre ohne Nutzung im Sihlwald sind also erst der Anfang. Die Forscher waren darum umso begeisterter, als sie bereits einige erste Seltenheiten entdecken konnten – etwa die Flechte *Rinodina polyspora,* die als regional ausgestorben galt und nun im Sihlwald wieder gefunden wurde. Insgesamt konnten die Expertinnen nicht weniger als 188 baumbewohnende Flechten identifizieren.

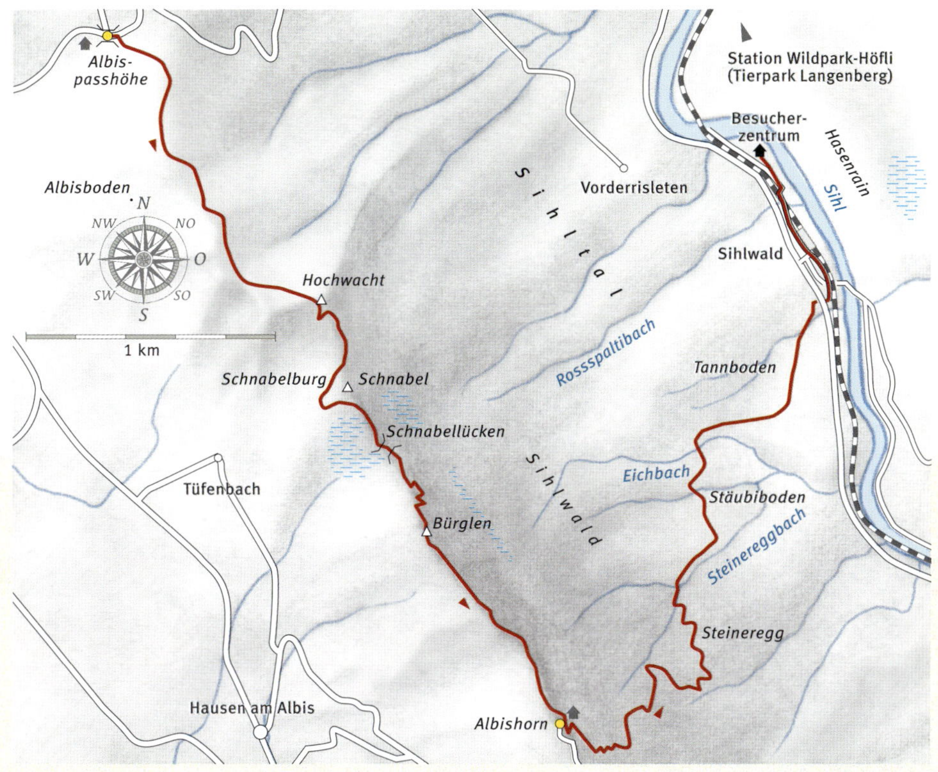

DIE WANDERUNG

Dies ist die abwechslungsreichste und lohnendste Wanderung im Wildnispark. Sie führt über den Albisgrat mit Blicken ins Sihltal und in die Alpen, durch Altholzbestände, vorbei an alten Eisenbahntrassees und schliesslich zum Besucherzentrum Sihlwald.

START Bushaltestelle Langnau a. A., Albispasshöhe
ENDE Bahnhof Sihlwald
ROUTE Via Hochwacht zum Albishorn und von hier hinunter zum Bahnhof Sihlwald.
LÄNGE 8,5 km
AUFSTIEG 270 m
ABSTIEG 570 m
WANDERZEIT Ca. 2½ Std.
SCHWIERIGKEIT T1
EINKEHREN Albispasshöhe, Albishorn, Besucherzentrum beim Bahnhof Sihlwald

Die Route auf einer digitalen Karte oder als Download für Karten-Apps.

FÜR FAMILIEN Einfache Route, Naturzentrum mit Veranstaltungen, Tierpark mit attraktiven Tieren

Tierpark Langenberg

Vom Bahnhof Sihlwald erreicht man in wenigen Minuten die Station Wildpark-Höfli und dann mit einem kurzen Spaziergang den Tierpark Langenberg.

Weitere Infos

www.wildnispark.ch

Dreizehenspecht

Eiger, Mönch und Jungfrau

GEBIRGE

▲ Birkhähne
▶ Ein sprudelnder Bergbach: La Gérine

SAANE-AUEN UND LA PIERREUSE VD

㉔ SEELENLANDSCHAFTEN AUS WASSER UND FELS

Beim ersten Besuch des Bergkessels La Pierreuse geht es vielen gleich: Sie wundern sich, wie diese wilde und schroffe Ecke der Waadtländer Alpen so viele Jahre unbemerkt auf der Landkarte schlummern konnte. Und hallt dann noch das «Kraaa» eines mächtigen Vogels von den Felswänden, fühlt man sich vollends in eine ferne Fantasy-Welt versetzt.

Den Bergkessel von La Pierreuse muss man sich verdienen. Denn mit einem Start in Château-d'Oex hat man mit etwa fünf Stunden und 900 Metern Aufstieg zwar keinen Marathon, aber definitiv keinen Spaziergang vor sich. Dafür umso mehr Abwechslung.

Kaum gestartet, steigt der Weg ins recht enge Tal der Saane ab (die hier La Sarine heisst) und die nun folgenden zwei Kilometer sind ein Traum für Liebhaber von idyllischen Flusslandschaften. Die Flussauen wirken hier noch sehr natürlich. An mehreren Orten hat der Fluss Sand- und Kiesbänke geschaffen und auch die Vegetation ist überaus abwechslungsreich mit zahlreichen Übergängen von Kies über Kraut- zu Strauchgesellschaften und zu Erlenwäldern. Solche vielfältigen Flussauen sind Lebensraum zahlreicher Vogelarten wie Bach- und Bergstelze. Am einfachsten ist aber die Wasseramsel zu entdecken, wenn sie knapp über der Wasseroberfläche dahinflitzt oder auf einem Stein mitten im Fluss sitzt – und dann unvermittelt im Nass verschwindet.

Highlights Idyllische Auenlandschaft an der Saane, weiter oben eine wilde, sehr naturnahe Berglandschaft
Schutzstatus Pro-Natura-Schutzgebiet und Waldreservat, Teil des Regionalen Naturparks Gruyères Pays-d'Enhaut, einige Trockenwiesen und -weiden von nationaler Bedeutung, Auen von nationaler Bedeutung an der Saane bei Château-d'Oex, Jagdbanngebiet
Jahreszeit Mai bis Oktober

Bei der Tête de la Minaude

Auen geht es in der Schweiz sehr schlecht – im «Bundesinventar der Auengebiete» (auf bafu.admin.ch) können das alle selbst nachlesen. Über 90 Prozent der Auen sind in der Schweiz verschwunden, und gemäss dieser Studie sind nur gerade 26 der verbliebenen Auen in einem guten Zustand. Auen bieten aber eine sehr hohe Vielfalt an Lebensräumen und Arten und sind darum für die Biodiversität der Schweiz überaus wichtig. Seit 1992 konnte der Abwärtstrend zwar flächenmässig gestoppt werden, doch hält ein schleichender Rückgang der auentypischen Biodiversität noch immer an. Es reicht nicht mehr, die Auen vor Eingriffen zu schützen – sie müssen auch renaturiert und Wasserkraftanlagen naturverträglicher umgebaut werden.

Der zweite Höhepunkt dieser Wanderung ist der grosse Felskessel La Pierreuse (auf deutsch «die Steinige»), und tatsächlich geht es hier ziemlich steinreich zu und her. Auf drei Seiten wird das Gebiet von felsigen Gipfeln eingefasst und im Süden, zwischen Gummfluh und La Douve, steigt eine eindrückliche Palisade aus 150 Millionen Jahre alten Kalktürmen in den Himmel.

Das Schutzgebiet La Pierreuse ist den beiden Brüdern Edouard-Marcel und Aurèle Sandoz zu verdanken, besonders aber den Spenden und dem Legat von Aurèle. Heute ist Pro Natura Besitzerin und Managerin der La Pierreuse (und dazu eines grossen Gebiets darum herum). Wo die Berglandwirtschaft bereits

◀ Steinadler
▲ Gämsen
▼ Murmeltiere

etabliert war, achtet Pro Natura darauf, dass diese naturverträglich vonstatten geht, dass Trockenmauern wiederhergestellt und Transportseilbahnen modernisiert werden (um nicht Strassen bauen zu müssen). Rinder und Kühe dürfen nur in tieferen Lagen weiden, damit die höheren Zonen einheimischen Wildtieren wie Rothirsch, Gämse und Steinbock ungeschmälert erhalten bleiben. Und Schafe sind ganz aus dem Gebiet verbannt, um die Flora zu schützen.

In der Einleitung zu diesem Kapitel ist das laute «Kraaa» eines grossen schwarzen Vogels erwähnt. Es gehört dem Kolkraben, und dieser hochinteressante Vogel gehört zu urigen Bergwelten wie Steinadler und Bartgeier. Um 1900 war der Vogel komplett aus dem Mittelland und dem Jura verschwunden, da er als Schädling galt. Dabei hat er eine überaus wichtige Funktion im Ökosystem, denn er ernährt sich zu einem guten Teil von Aas. Nachdem er unter Schutz gestellt wurde, haben sich seine Bestände gut erholen können.

▲ Weisse Alpen-Anemone
▼ Gespornter Blattrüssler
▶ Goldglänzender Rosenkäfer

Kolkraben sind überaus intelligent. Sie können Aufgaben lösen, an denen viele Kinder scheitern. Wenn sie Beutestücke für einen späteren Verzehr im Boden verstecken und bemerken, dass sie beobachtet wurden, bringen sie das Beutestück flugs an einen neuen Ort – oder verstecken gar Scheinfutter. Anderseits beobachten sie ihre Artgenossen genau, wenn diese am Beute-Verstecken sind, bleiben dabei aber so unauffällig wie möglich. Man kann also durchaus folgern, dass Kolkraben sich in andere hineinversetzen können. Kolkraben sind zudem überaus verspielt; sie «rodeln» gern auf Schnee oder Sand, balancieren Gegenstände oder machen gar Riesenfelgen an Zweigen oder Seilen. Die La Pierreuse ist weiters Heimat vieler anderer, ebenso spannender Vögel wie etwa Birkhuhn, Schwarzspecht, Turmfalke, Dreizehenspecht und Tannenhäher.

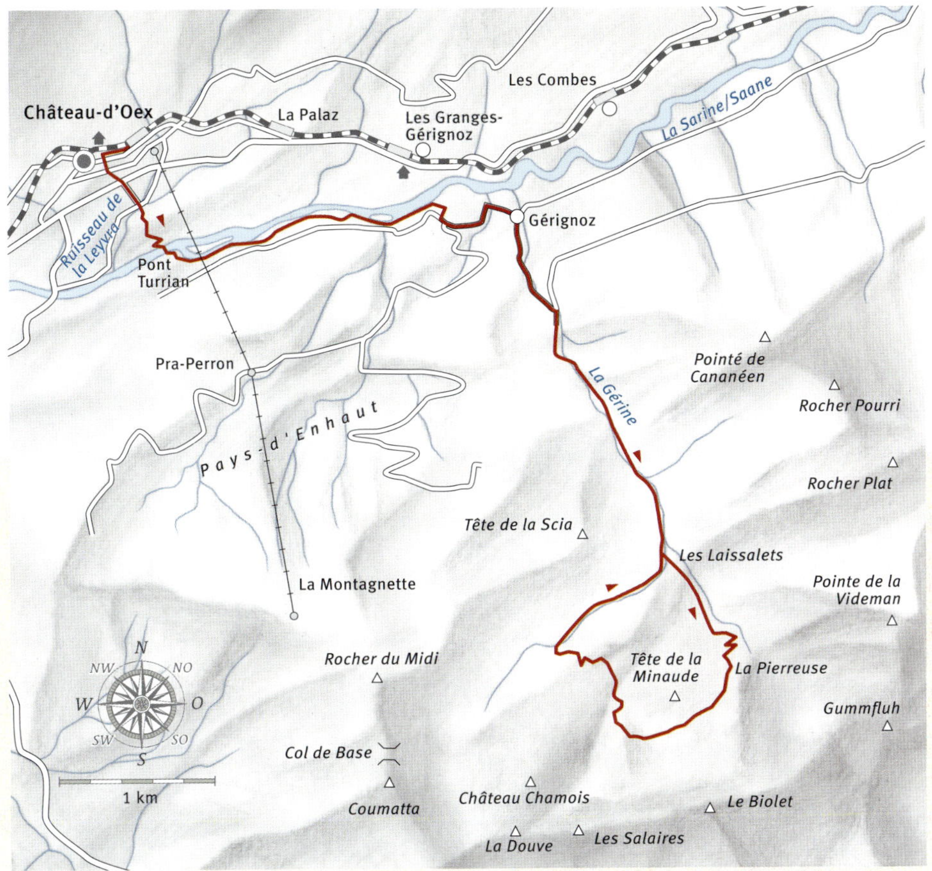

DIE WANDERUNG

Dies ist mit fünf Stunden eine eher lange Wanderung, man sollte also einen ganzen Tag Zeit haben. Entlang der Saane ist es wichtig, auf dem Weg zu bleiben und auch Hunde angeleint zu lassen, damit die sehr empfindlichen Flussuferläufer nicht gestört werden. Im Schutzgebiet La Pierreuse sind Hunde nicht zugelassen. Der untere Schluchtteil bei Gérignoz ist asphaltiert, dafür rauscht und purzelt gleich neben dem Weg die sehr fotogene La Gérine.

START Bahnhof Château-d'Oex
ENDE Bahnhof Les Granges-Gérignoz
ROUTE Hinunter zur La Sarine und nach Gérignoz. Das Tal der La Gérine hoch, in einem Bogen um die Tête de la Minaude und talauswärts nach Les Granges.
LÄNGE 13,8 km
AUFSTIEG 900 m
ABSTIEG 860 m
WANDERZEIT Ca. 5 Std.
SCHWIERIGKEIT T2
EINKEHREN Château-d'Oex, Les Granges
FÜR FAMILIEN Einfache Route: nur der Saane entlang, zum Beispiel von Les Granges-Gérignoz nach Château-d'Oex

Weitere Infos

www.chateau-doex.ch, www.pronatura-vd.ch, www.gruyerepaysdenhaut.ch

Hallimasch

Die Route auf einer digitalen Karte oder als Download für Karten-Apps.

HINTERES LAUTERBRUNNENTAL BE

㉕ URLANDSCHAFT AUS WALD UND WASSER, FELS UND FIRN

▲ Schmadribach mit Tschingelhoren
▶ Steinbock beim Oberhoresee

Sehnen Sie sich nach einer ursprünglichen und archaischen Berglandschaft mit urigen Wäldern, blumenreichen alpinen Matten und gleich auch noch mit tosenden Wasserfällen, Gletschern und Viertausendern? Voilà! – Das Berner Oberland bietet Unvergleichliches.

Das vordere Lauterbrunnental ist mit seinen senkrechten Felswänden zu beiden Seiten und den sich darüber stürzenden Wasserfällen weltbekannt. Etwas weiter hinten ändert das Tal seinen Charakter und wird mit seinen Gletschern und Fast-Viertausendern noch spektakulärer. Wer diese wilde Berglandschaft an einem sonnigen Herbsttag mit frisch verschneiten Bergen besuchen kann, hat das Glück, eine der eindrücklichsten Berglandschaften der Schweiz in ihrem schönsten Kleid zu sehen.

Highlights Guter Wanderweg durch eine atemberaubend schöne hochalpine Landschaft

Schutzstatus UNESCO-Welterbe Swiss Alps Jungfrau-Aletsch, kantonales Naturschutzgebiet, Landschaft von nationaler Bedeutung (BLN), der grösste Teil ist ein Pro-Natura-Naturschutzgebiet

Jahreszeit In der schneefreien Zeit, Öffnungszeiten der beiden Berghäuser circa Anfang Juni bis Ende September; Blütenvielfalt der Trockenwiesen Mitte Juni bis Mitte Juli

Nach einem langen, fast dreistündigen Aufstieg von Stechelberg durch den Schwendiwald setzt man sich gern an einen Tisch vor dem Berghaus Tschingelhorn oder, noch einen Kilometer weiter, beim Berghaus Obersteinberg. Denn die Aussicht hier auf den vergletscherten Gipfelkranz zwischen Jungfrau und Breithorn, auf den tosenden Schmadribachfall und über den ganzen Talkessel hinweg ist

▲ Niedliche Glockenblume
◀ Beim Oberstein-berg
▶ Sechsfleck-Widderchen

schlicht einmalig. Und auch der perfekte Ort, um das vernetzte Zusammenspiel zwischen Klimageschichte, menschlicher Nutzungsgeschichte und dem heutigen Landschaftsbild zu verstehen.

Während der letzten Eiszeit, vor etwa 25 000 Jahren, war das ganze Lauterbrunnental noch mit einem tausend Meter dicken Gletscher ausgefüllt und die Eismassen flossen bis über Bern hinaus. Noch 1850, in der Zeit eines kurzen Vorstosses, reichte der Breithorngletscher bis zur Felskante, bei der heute der Schmadribach in die Tiefe stürzt. Heute muss man weit über die Moränen- und Schuttlandschaft hochwandern, um die Eiszungen zu erreichen. Besonders in den letzten 30 Jahren, die alle zu warm waren, haben die Gletscher stark an Masse verloren.

Im 14. Jahrhundert erreichten die Walser das hintere Lauterbrunnental und errichteten bei Ammerten und oberhalb des Schiirbodens (unterhalb des heutigen Berghauses Obersteinberg) kleine Siedlungen; sie sind heute alle im Wald verschwunden. Vor allem Ende des 18. Jahrhunderts gab es eine kurze, aber intensive Zeit des Bergbaus; in Trachsellauenen sind noch heute die Reste

Gletscherschliff beim Oberhoresee

eines Schmelzofens sichtbar. Da die Öfen riesige Mengen an Holz verschlangen, waren Talhintergrund und Hänge weitgehend kahlgeschlagen; heute sind die Hänge meistenorts wieder bewaldet.

Als die Zeit der grossen Staudammbauten in den Schweizer Bergen begann, befürchtete auch der Besitzer der Alp Untersteinberg, dass das Hintere Lauterbrunnental unter riesigen Wassermassen verschwinden könnte. Er kontaktierte deshalb Pro Natura und 1947 konnte diese sein Land kaufen. Später kamen noch andere Alpen dazu, sodass das Schutzgebiet heute fast 27 Quadratkilometer umfasst.

Auf Steinbock- und Gämspirsch

Die Alpwirtschaft ist heute, wie in anderen Bergregionen, im Rückzug. Bis 1999 weidete Milchvieh auf der Alp Oberhorn, heute sind es noch einige Rinder. Durch die Aufgabe der Beweidung drohen viele Lichtungen, etwa um den Schiirboden, zu verwalden; das würde viel wertvollen Lebensraum für Insekten, Schmetterlinge und Vögel kosten. Pro Natura versucht, mit Beweidung und regelmässigen Arbeitseinsätzen dagegenzuhalten.

Über dem Oberhoresee thront das Breithorn (links)

In der buckligen Landschaft beim Oberhoresee hat sich durch das Zusammenspiel zwischen Gestein, Gletscher und Zeit ein interessantes Mosaik von verschiedenen Vegetationsstufen gebildet. In den Gletschervorfeldern und auf den Moränen kann man nachverfolgen, wie Pflanzen die neuen Lebensräume besiedeln; zu den Ersten gehören der Säuerling, Fleischers Weidenröschen, der Bewimperte Steinbrech und das Einblütige Hornkraut. In den Felsmulden bildeten sich kleine Seen und Tümpel, die mit der Zeit verlandeten, sodass über die Jahrtausende kleine Moore entstanden.

Im Bergfrühling, etwa Mitte Mai bis Mitte Juni, sind die Chancen gut, an den sonnigen Hängen beim Berghaus Obersteinberg Steinböcke zu sehen. Mit der zunehmenden Wärme im Sommer ziehen sich die etwa 50 Tiere im Talhintergrund dann Richtung Wätterlickengletscher und Tschingelgletscher zurück. Ähnlich ist es bei den Gämsen: Im Sommer suchen sie die kühlen Grate in grossen Höhen auf, im September und Oktober sind sie dann wieder in tieferen Lagen und können vom Wanderweg aus gesichtet werden. Beide Populationen sind weitgehend isoliert von anderen in der Region; ihre Gesundheit scheint davon jedoch nicht beeinträchtigt zu sein.

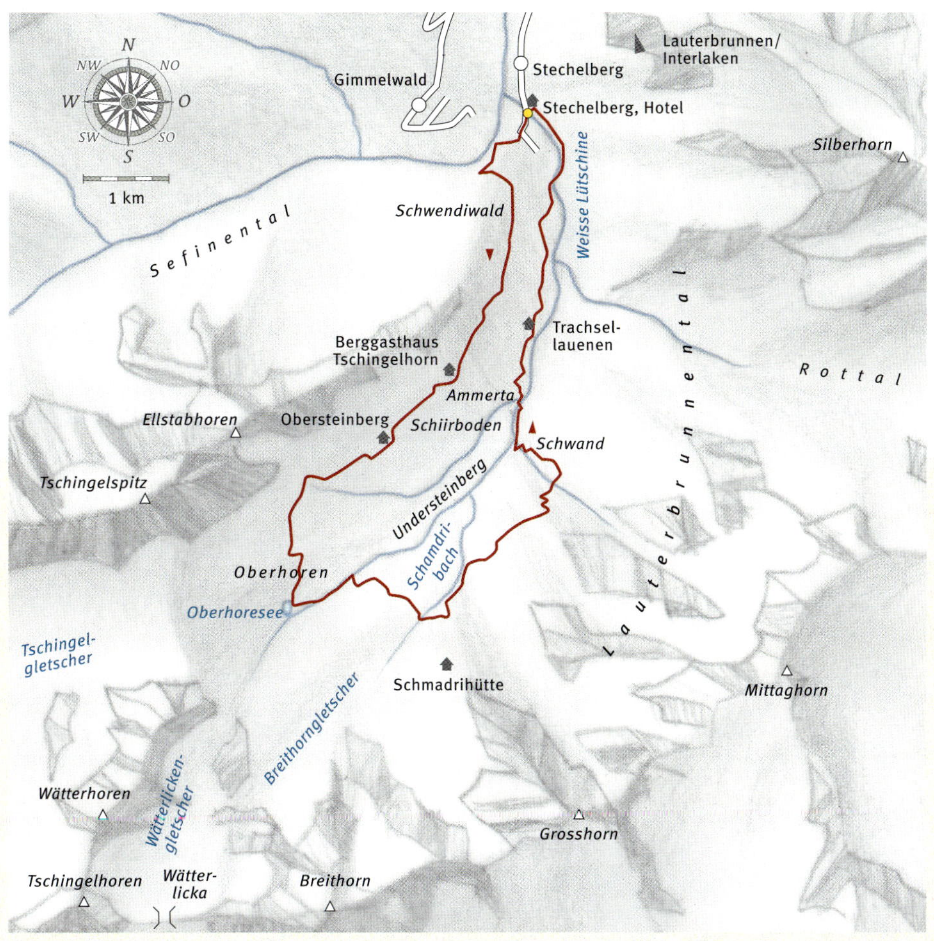

DIE WANDERUNG

Die ganze hochalpine Schönheit des Tales kann man auf einer eindrücklichen Rundwanderung erleben. Sie ist mit mehr als 7 Stunden und je 1400 Metern Auf- und Abstieg recht lang. Es empfiehlt sich darum, in einem der unten aufgeführten Berghäuser zu übernachten.

START UND ENDE Bushaltestelle Stechelberg, Hotel
ROUTE Via die Berghäuser Tschingelhorn und Obersteinberg zum Oberhoresee und via Schwand und Trachsellauenen zurück zum Ausgangspunkt.
LÄNGE 16,3 km
AUF- UND ABSTIEG Je 1420 m
WANDERZEIT 7 bis 7½ Std.
SCHWIERIGKEIT T2

EINKEHREN/UNTERKUNFT
Berghaus Tschingelhorn (www.tschingelhorn.ch), Berghaus Obersteinberg (www.stechelberg.ch), Schmadrihütte (Hinweg zusätzlich ½ Stunde, www.aacb.ch), Berghaus Trachsellauenen (www.stechelberg.ch)

Weitere Infos

Pro Natura: www.pronatura-be.ch, Stichwort «Hinteres Lauterbrunnental»

Die Route auf einer digitalen Karte oder als Download für Karten-Apps.

▲ Gämse
▶ Auf einer geführten Exkursion: Steinböcke

NIEDERHORN BE

㉖ DER KLASSIKER FÜR STEINBOCK, GAMS UND JUNGFRAU

Wer Steinböcke und Gämsen sehen und fotografieren möchte, sollte sich den Niederhorn-Gemmenalphorn-Grat ganz oben auf seine Wanderliste schreiben. Tiefer unten liegt ein wildes Karstgebiet mit knorrigen Föhren und kleinen Hochmooren, und am Horizont leuchten die Berner Alpen.

Für die meisten Wanderer und Fotografinnen ist der Steinbock die unbestrittene Nummer 1 unter den «Bildtrophäen» in den Bergen – er ist gross und strahlt Stärke aus, die Böcke mit ihren riesigen Hörnern sind überaus eindrücklich, und oft stehen die Tiere bildgewaltig auf einem Grat oder schwindelerregend in einer Felswand. Wer sich einen Tag oder gleich ein Wochenende auf Steinbockpirsch begeben möchte, findet in der Schweiz eine ganze Reihe von Erfolg versprechenden Zielen – und auf jeden Fall rangiert hier das Niederhorn ganz oben. Nicht nur ist der Berg hoch über Interlaken einfach mit der Luftseilbahn erreichbar, die Tiere halten sich auch oft in unmittelbarer Nähe des Wanderwegs oben auf dem Gratrücken auf.

Das Steinwild hat in der Schweiz ein tragisches Schicksal durchlaufen müssen. Im 19. Jahrhundert sind in unserem Land viele Tiere durch übermässige Jagd ausgestorben. Es erging ihnen im ganzen Alpenbogen nicht besser – nur in einem kleinen Gebiet des heutigen Gran Paradiso Nationalparks in Italien überlebte eine kleine Restpopulation von etwa 100 Tieren. Heute gibt es in der Schweiz wieder etwa 17 000 von ihnen. Das Problem: Sie alle stammen

Highlights Steinböcke und Gämsen, oft aus der Nähe zu beobachten; urige Bergwälder, schöner Blick in die Berner Hochalpen
Schutzstatus Wildruhezonen, geschützte Hoch- und Flachmoore
Jahreszeit Schneefreie Zeit, circa Mai bis Oktober/November

▲ Waldgrenze auf der Gemmenalp
▼ Auf Fotopirsch auf dem Niederhorn
▶ Herbst auf der Gemmenalp

von wenigen Elterntieren aus dieser italienischen Restpopulation ab. Damit ist Inzucht eingebaut, und die genetische Vielfalt unter den Tieren ist sehr klein. Bei den MHC-Genen beispielsweise, die bei der Immunabwehr benötigt werden, gibt es bei den Steinböcken gerade mal zwei Varianten – bei den Rindern gibt es deren 68. Und Studien haben gezeigt, dass fehlende Vielfalt das Risiko erhöhen kann, an Gämsblindheit zu erkranken.

Kleine und genetisch verarmte Tierpopulationen haben generell ein grösseres Risiko, bei auftretenden Krankheiten ausgelöscht zu werden. Gibt es in der Schweiz nur eine einzige Fischotterfamilie und diese fängt sich eine Krankheit ein, kann das schnell das Aus für diese Tierart bedeuten. Leben aber Dutzende oder Hunderte von Familien über das ganze Land verteilt, ist die Chance gross, dass ein schöner Teil der Tiere die Krankheit überlebt. Auch genetische Viel-

falt gehört zur Biodiversität, genauso wie die Zahl von Tier- und Pflanzenarten und das Vorkommen von unterschiedlichen (und genügend grossen) Lebensräumen.

Nicht nur Steinböcke, auch Gämsen können immer wieder auf dem Gratrücken zwischen dem Niederhorn und dem Gemmenalphorn beobachtet werden. Sie haben allerdings eine grössere Fluchtdistanz als das Steinwild, sie werden also meistens nur mit grösserem Abstand zu beobachten sein. Für beide Tiere gilt: Wird es ihnen mit den Störungen durch den Menschen zu viel, ziehen sie sich schnell in die unzugänglichen Felsabbrüche gegen das Justistal hin zurück.

Das Niederhorn bietet aber natürlich viel mehr als Steinbock und Gämse. Die Matten, lockeren Wälder, kleinen Hochmoore und karstigen Strauchlandschaften sind Heimat für eine Vielzahl von Tieren. Regelmässig können beispielsweise Turmfalken gesehen werden, wie sie im Rüttelflug an einem Punkt im Himmel «hängen» und dann blitzartig auf eine Maus niederschiessen. Sie brüten, wie der seltenere Mauerläufer, in den Felsen gegen das Justistal hin. Auch Adler und Bartgeier lassen sich hie und da erblicken: Das Niederhorn ist Teil eines Adlerreviers, und 2020 brütete ein Bartgeierpaar im westlichen Berner Oberland – die erste Brut im Kanton Bern. Zu den häufigeren kleineren Vögeln gehören die Alpenbraunelle, der Bergpieper und der Fichtenkreuzschnabel. Erfolg versprechend für das Beobachten von Murmeltieren ist besonders die Region Gemmenalphorn.

Natur-Tipp

Für wahre Tierfreunde ist es selbstverständlich, mit den Tieren respektvoll umzugehen und sie in ihrem Lebensraum nicht zu stören. Wie es kommt, wenn das (zu) viele nicht tun, zeigt das Beispiel Augstmatthorn östlich von Habkern: Es war lange ein Top-Ziel für Steinbock-Beobachterinnen. Seit einigen Jahren wird es aber von Instagram- und Drohnentouristen heimgesucht. Seither sieht man kaum noch Steinböcke dort, da sich die Tiere in die unzugänglichen Regionen und in die Wälder zurückziehen mussten.

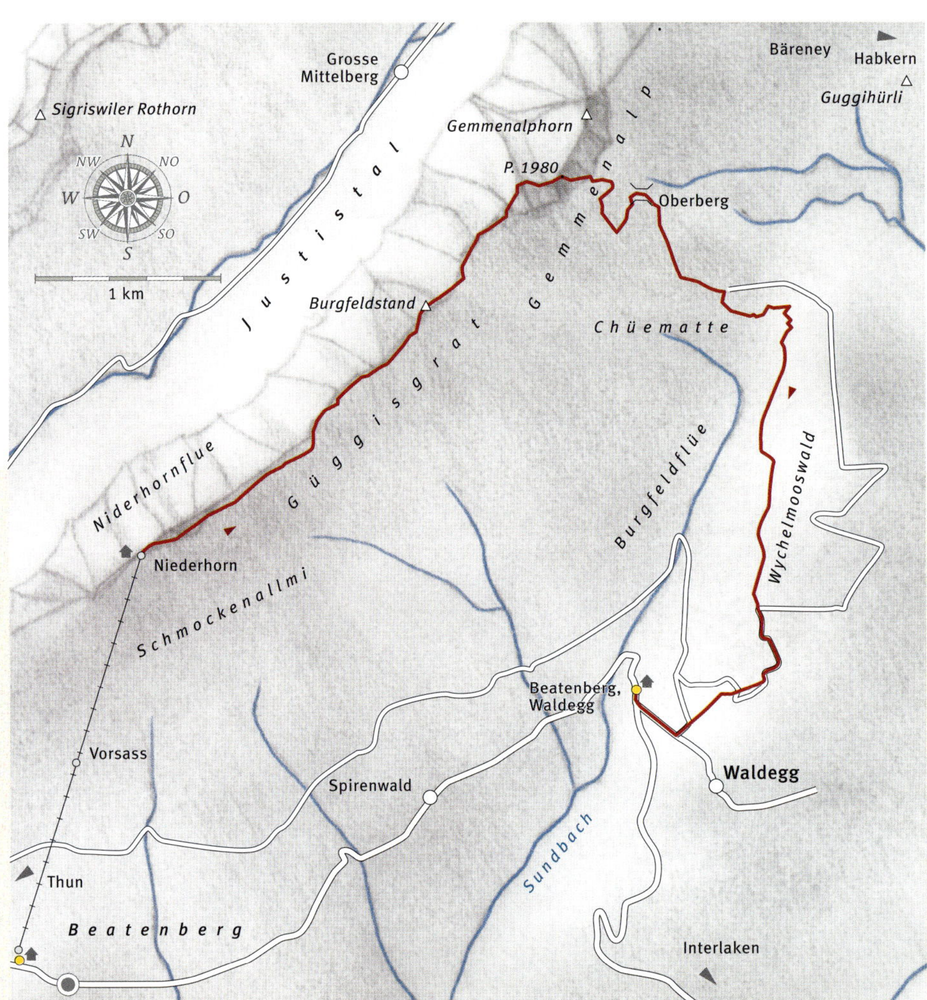

▲ Junge Steinböcke
▼ Auf dem Niederhorn

DIE WANDERUNG

Eine Gratwanderung von der Bergstation der Luftseilbahn aus lässt sich nach Lust und Laune kürzer oder länger gestalten. Unten folgt eine mittellange Tour von drei Stunden. Wichtig: die Tiere durch ruhiges, respektvolles Verhalten nicht stören.

START Bergstation Niederhorn
ENDE Bushaltestelle Beatenberg, Waldegg
ROUTE Via Burgfeldstand (2063 m) zum Punkt 1980 vor dem Gemmenalphorn und nun via Oberberg, Chüematte und den Wychelmooswald nach Waldegg.
LÄNGE 8,9 km
AUFSTIEG 220 m
ABSTIEG 960 m
WANDERZEIT Ca. 3 Std.
SCHWIERIGKEIT T2
EINKEHREN Niederhorn, Waldegg

FÜR FAMILIEN Einfache Route, Wildbeobachtungstouren
VARIANTE NACH HABKERN Grattour über das Gemmenalphorn (2061 m) verlängern und dann via Bäreney und Ufem Stand nach Habkern, Post. Länge 10,2 km, 370 m Aufstieg, 1220 m Abstieg, ca. 3¾ Std., Schwierigkeit T2

Weitere Infos

www.beatenberg.ch, www.niederhorn.ch

Die Route auf einer digitalen Karte oder als Download für Karten-Apps.

▲ Fichtenkreuzschnabel
▶ Beim Hundschopf: Blick auf den Urnersee
▼ Sommerwiese am Faulberg

OBERBAUEN NW

27 AUF DEM ERSTEN WILDBEOBACHTUNGSPFAD DER SCHWEIZ

Der Wildbeobachtungspfad zwischen Niederbauen und der Stockhütte ist ein Klassiker und mit den einmaligen Aussichten über den Vierwaldstättersee zudem eine sehr lohnende Wanderung.

Wer am östlichen Ende, beim Berghaus Niederbauen, auf diese etwa vierstündige Wanderung aufbricht, hat vielleicht nicht das Gefühl, auf einer vielversprechenden Route für Tierbeobachtungen unterwegs zu sein. Vom geschäftigen Berghaus führt eine breite Kiesstrasse durch die baumfreien Weiden, zahlreiche Wanderer schlendern über den Bergrücken, und linkerhand machen sich Paragliderinnen für ihren Abflug bereit. Doch ein Blick gegen Süden zeigt: Es kommt schon noch anders! Eine wilde Reihe von Spitzen und Türmen reicht vom Oberbauenstock zum Schwalmis, darunter zieht sich ein langes, wild geschichtetes Felsband durch, und noch weiter unten folgen steile Grashänge und Geröllhalden. In der weiten Terrasse davor breitet sich ein lichter, von Mooren durchsetzter Tannenwald aus.

Highlights Der Trendsetter mit Chancen, Gämsen und Steinböcke zu sehen; eindrucksvolle Aussichten über den Vierwaldstättersee

Schutzstatus Wildruhegebiet Scheidegg, geschützte Hoch- und Flachmoore, Waldreservat

Jahreszeit Schneefreie Zeit; am besten vor dem Alpaufzug (Anfang/Mitte Juni) oder nach dem Alpabzug (Mitte September bis Anfang Oktober)

Im Jahr 2000 wurde hier der erste offizielle Wildbeobachtungspfad der Schweiz eröffnet. Natürlich ist auch eine Portion Marketing der Tourismus-Verantwortlichen dabei, um Gäste in die Region zu bringen. Aber die Gipfelkette zwischen Oberbauenstock und Schwalmis ist trotz allem ein

Morgenstimmung
mit dem Schwalmis

weitgehend intaktes alpines Ökosystem – und auch Heimat für Gämsen und Steinböcke. Für das Wildruhegebiet Scheidegg im Becken nördlich dieser Bergkette gilt sogar von Mitte Dezember bis Mitte Juni ein Zutrittsverbot, um die störungsempfindlichen Tiere dort zu schützen und nicht unnötig zu behelligen.

Auch wenn für die ganze Strecke vom Berghaus Niederbauen bis zur Stockhütte eine etwa vierstündige Wanderzeit markiert ist, lohnt es sich, sich immer wieder mal hinzusetzen und mit dem Fernglas die Hänge nach Gämsen und Steinböcken abzusuchen – man stellt sich also besser auf eine ganztägige Wanderung ein. Und natürlich hilft es auch, zu wissen, wo sich die Tiere gern aufhalten. Einen der besten Beobachtungspunkte, den Hundschopf, erreicht man nach etwa einer Dreiviertelstunde. Steinböcke und Gämsen halten sich gern zur Linken im Gebiet Lauweli auf, aber auch im Süden, im Gebiet Urwängi. An warmen Tagen sollte man allerdings hier sein, bevor die Hitze des Tages einsetzt und sich die Tiere in den kühlen Wald zurückziehen. Vor und nach der Alpzeit wagen sich die Tiere aus ihren schützenden nordseitigen Verstecken auch in die grasigen Hänge des Niderbauen Chulm. Wer Pech hat und wildmässig leer ausgeht, hat mit dem Hundschopf immer noch einen der schönsten Aussichtspunkte in der Innerschweiz erreicht, hoch über dem Urnersee und mit Blick in die Schwyzer und Urner Bergwelt.

◀ Junger Hausrotschwanz

▶ Grosser Perlmuttfalter

Nach einem kurzen, aber steilen Aufstieg erreicht man den höchsten Punkt der Wanderung, den Faulberg (1760 m). Von hier an und bis zum Plattenschutz lohnt es sich, immer wieder die Hänge und Geröllhalden linkerhand abzusuchen. Die Territorien der Steinböcke und Gämsen erstrecken sich auch auf die urnerische Seite der Bergkette, aber mit etwas Glück können einige Tiere unter den Felswänden von Oberbauenstock und Zingel oder im Kessel Rigital beim Heitliberg ausgemacht werden. Murmeltiere halten sich gern bei der Alp Matt westlich des Heitlibergs auf; diese Region erreicht man allerdings nur, wenn man sich die Klewenalp und nicht die Stockhütte als Ziel vornimmt.

Entlang des Wildbeobachtungspfads sind mehr als ein Dutzend Tafeln aufgestellt, die einige der hier lebenden Tiere und Vögel vorstellen. Ein nicht seltener Vogel hier ist der Fichtenkreuzschnabel. Er ist gut an den Schnabelspitzen zu erkennen, die sich überkreuzen. Damit kann er bestens die Samen zwischen den Schuppen von Nadelholzzapfen – seine Leibspeise – herausklauben. Die Männchen sind meistens recht auffällig rot gefärbt, die Weibchen tragen ein graugrünes bis gelbgrünes Federkleid. Ein drittes Erkennungsmerkmal ist schliesslich das Verhalten: Auf der Suche nach leckeren Zapfensamen hoppeln Fichtenkreuzschnäbel wie Papageien seitlich den Ästen entlang. An den reifen Zapfen hängen sie sich dann kopfüber dran und grübeln die Samen heraus. Unreife Zapfen beissen sie ab, bringen sie zu einem Ast, halten diesen mit einem Fuss fest und machen sich ans Fresswerk. Kommt es in Nord- und Osteuropa zu einem schlechten Zapfenjahr, kann dies zu einer Masseninvasion in der Schweiz führen, wo sie sich bessere Jagdgründe erhoffen. Zu den weiteren Vögeln auf dem Wildbeobachtungspfad gehören der Schwarz- und der Buntspecht, die Misteldrossel und der Tannenhäher.

SNL
Auf der Fährte des Gämswildes
Ziegel
Wildbeobachtungspfad Emmetten
Plattenschutz
Gämswild

▲ Steinböcke über dem Urnersee
▼ Info-Tafel zum Wildbeobachtungspfad

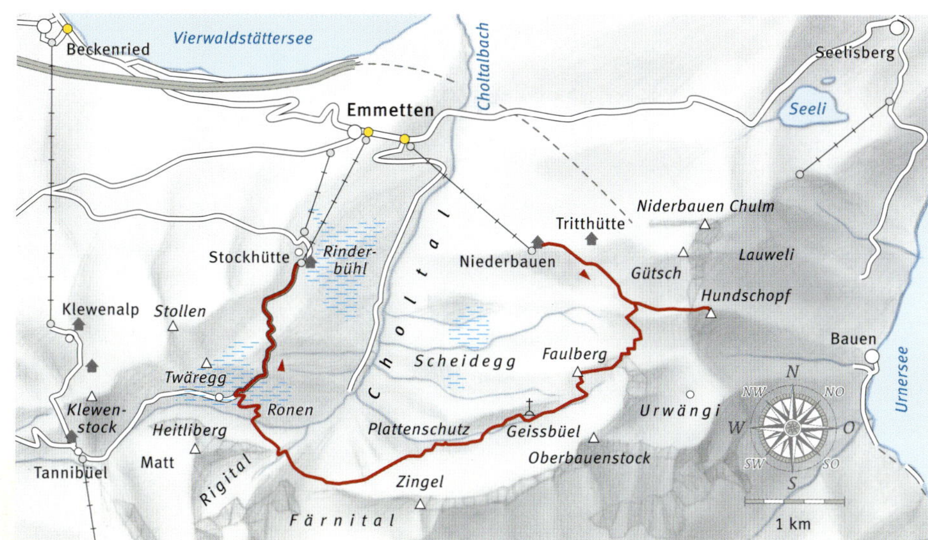

DIE WANDERUNG

Der Wildbeobachtungspfad lässt sich gut in beide Richtungen machen. Um die frühen Morgenstunden nicht zu verpassen, empfiehlt sich bei einer längeren Anreise die Übernachtung in einem der Berghäuser.

START Bergstation Niederbauen
ENDE Bergstation Stockhütte
ROUTE Via Hundschopf, Faulberg und Ronen nach Stockhütte/Rinderbühl.
LÄNGE 11,4 km
AUFSTIEG 560 m
ABSTIEG 850 m
WANDERZEIT Ca. 4 Std.
SCHWIERIGKEIT T2
EINKEHREN UND UNTERKUNFT Berghaus Niederbauen, Stockhütte, Tannibüel, Klewenalp
FÜR FAMILIEN Wildbeobachtungstouren (Wanderzeit ca. 3 ½ Std.)
VARIANTE Die Variante mit Ziel Klewenalp dauert etwa ¾ Std. länger, die Aufstiege betragen dann ca. 800 m.

Weitere Infos

Webseite für geführte Touren auf dem Pfad: www.klewenalp.ch, Stichwort «Wildbeobachtung»

Die Route auf einer digitalen Karte oder als Download für Karten-Apps.

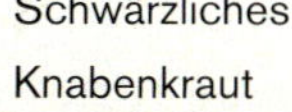

Schwärzliches Knabenkraut

CHÄRPF GL

(28) EIN SICHERER WERT: IM GRÖSSTEN JAGDBANNGEBIET DER SCHWEIZ

▲ Gämsen am Matzlengrat
▶ Beim Wildmadfurggeli

Wenn es um grosse Schutzgebiete für Steinböcke, Gämsen und andere Tiere geht, so gehören der Freiberg Kärpf und der Schweizerische Nationalpark in die Top-Liga. Das Jagdbanngebiet hoch über Elm ist nicht nur das grösste der Schweiz, sondern mit fast 500 Jahren auch das älteste Wildschutzgebiet Europas.

Im Sommer 2018 boten sich den Wanderern um den Stausee Garichti immer wieder merkwürdige Bilder. Menschen in hohen Stiefeln wateten in Bächen herum und langten tief ins Wasser. Weiter oben kroch jemand – kaum noch sichtbar – durch die Alpenrosen und Grünerlen. Ein gut getarnter Mann sass auf einem Bödeli und suchte mit seinem Feldstecher den Himmel ab. Riesige Lupen wurden über Felsen gefahren und in jede Ritze gesteckt, weisse Netze schwirrten durch die Luft und überall wurden Notizen gemacht. Was war hier los?

Mehr als 30 Expertinnen waren daran, die Artenvielfalt im Umfeld des Sees zu erfassen. Da gab es Spezialisten für alles, was blüht und kreucht und lebt, für Amphibien und Pilze, für Tag- und Nachtfalter, für Rüssel- und Blattkäfer und für Heuschrecken und Schnecken. Das Resultat: 1616 Arten wurden identifiziert! Nicht-Spezialistinnen erstaunen gewisse Zahlen besonders: 39 Wildbienen- und Hummelarten,

Highlights Grösstes Wildtierschutzgebiet der Schweiz; gute Chancen, Gämsen und Steinböcke zu sehen
Schutzstatus Eidgenössisches Jagdbanngebiet, Wildtierschutzgebiet, diverse Waldreservate, geschützte Hoch- und Flachmoore
Jahreszeit Frühsommer bis Herbst

Bei der Leglerhütte (rechts Ortstock und Höch Turm)

69 Köcher-, Stein- und Eintagsfliegen und nicht weniger als 295 Tag- und Nachtfalter wurden gefunden. Was aber noch mehr erstaunt: Die Fachleute waren nur an wenigen Tagen unterwegs und schätzen, dass im Gebiet fast drei Mal mehr Arten vorkommen, als sie entdeckt haben, etwa 4500!

Mit diesen gewaltigen Zahlen dürfte auch jeder Nicht-Experte auf die Rechnung kommen, der sich etwas Zeit nimmt, um zwischen Büschen und Gräsern und in Wiesen und Felsen nach Pflanzen und Tieren zu suchen. Seit seiner Einrichtung im Jahr 1548 steht der Freiberg Kärpf aber besonders für Hirsche, Murmeltiere, Gämsen und Steinböcke. Und auf einer grossen Rundwanderung im Talkessel des Stausees hat man auch gute Chancen, diese Tiere zu sehen. (Rothirsche und Rehe halten sich in den tieferen, bewaldeten Lagen auf und sind daher schwieriger zu entdecken.) Die Wanderung startet bei der Bergstation der Luftseilbahn und führt in einem grossen Bogen zu den Hübschböden und wieder zurück zum Ausgangspunkt. Damit Sie die besten Chancen auf Sichtungen haben, hier einige Tipps für Ihre eigene Safari:

Natur-Tipp

Im Jagdbanngebiet wurden drei Wildbeobachtungsplattformen eingerichtet, von denen aus es sich bequem und geschützt auf Fernglasjagd gehen lässt. Die genaue Lage der Plattformen ist in der Wanderkarte eingezeichnet.

Murmeltier

Auf dieser Wander-Etappe …	**… haben Sie die besten Chancen auf:**
Widerstein	Gämsen; in den felsigen Lagen höher oben auch Steinböcke
Vordermatt	Gämsen; um Charenstock und Bergli-horn auch Steinböcke
Wildmadfurggeli	Schneehühner
Bis zu den Hübschböden	Gämsen und Schneehühner, um den Schwarztschingel auch Steinböcke
Sunnenberg-Matzlenstock-Kette	Gämsen

Im gesamten Jagdbanngebiet (das Teil des grösseren Wildtierschutzgebiets ist) leben etwa 150 Gämsen und 40 bis 50 Steinböcke. Letztere gehören zur Kolonie Oberalp-Tödi-Calanda, ihr Lebensraum erstreckt sich also weit über das Schutzgebiet hinaus. In der Mitte des 19. Jahrhunderts war der Steinbock in der Schweiz wegen erbarmungsloser Jagd ausgestorben. Die erste Wiederaussetzung fand 1911 im Weisstannental bei Sargans statt, später folgten weitere bei Filisur und Brigels. Erst die dritte Auswilderung hatte durchschlagenden Erfolg; allerdings mussten die Tiere schon wieder vor Wilderern flüchten, schafften es aber doch, den Grundstein zur heute grossen Albris-Kolonie bei

▲ Ein Nest der besonderen Art: Beobachtungs-Plattform
▼ Flockenblumen am Auerenbach
▶ Steinböcke

Pontresina zu legen. Im Chärpf-Gebiet wurden 1957 die ersten Steinböcke ausgesetzt. Heute leben in der Schweiz wieder etwa 17 000 Steinböcke, im ganzen Alpenraum rund 45 000 Tiere.

Die ganze Rundwanderung ist mit 4¾ Stunden Wanderzeit gut machbar in einem Tag. Wer die besten Chancen auf Wildbeobachtungen haben will, sollte sich immer wieder hinsetzen und in aller Ruhe die Hänge absuchen, idealerweise mit einem Fernglas. Wer mehr Zeit haben möchte, hat zwei Optionen. Die erste ist, im Berghotel Mettmen, gleich bei der Bergstation der Luftseilbahn, zu übernachten. So kann man bereits frühmorgens oder noch am späten Nachmittag unterwegs sein. Die zweite Möglichkeit ist, etwa in der Hälfte der Wanderung zur Leglerhütte aufzusteigen und hier die Nacht im Lager oder in einem komfortablen Zimmer zu verbringen. Die SAC-Hütte liegt nur knapp eine Dreiviertelstunde vom vorgeschlagenen Rundweg entfernt, und mit diesem Abstecher erwandert man sich gleich noch einzigartige Aussichten in die raue Bergwelt um den Klausenpass. Vor oder nach dem Abendessen kann man einen Spaziergang zum Milchspüelersee unternehmen – ebenfalls Lebensraum für Gämsen und auch für Murmeltiere. Und zu guter Letzt lohnt sich immer auch ein Blick in den Himmel – denn im Wildtierschutzgebiet leben auch mehrere Adlerpaare.

Apollofalter

DIE WANDERUNG

Die vielleicht lohnendste und landschaftlich sehr reizvolle Wanderung führt in einem grossen Bogen vom Stausee Garichti fast zum Wildmadfurggeli und über die Hübschböden zurück zum Ausgangspunkt.

START UND ENDE Mettmen (Bergstation der Luftseilbahn)
ROUTE Via Widerstein, Vordermatt, Hintermatt und Kärpfstafel zurück nach Mettmen
LÄNGE 12,2 km
AUFSTIEG 850 m
ABSTIEG 850 m
WANDERZEIT 4¾ Std.
SCHWIERIGKEIT T2

EINKEHREN/UNTERKUNFT Mettmen, Leglerhütte SAC
FÜR FAMILIEN Wochenende mit Übernachtung in der Leglerhütte, Wildbeobachtungsplattformen
VARIANTE LEGLERHÜTTE Hinweg zusätzlich ¾ Std. und 160 m Aufstieg, T2.
www.leglerhuette.ch

Weitere Infos

www.mettmen-alp.ch, auch mit Infos zu geführten Wildbeobachtungstouren

Die Route auf einer digitalen Karte oder als Download für Karten-Apps.

FIL DE CASSONS GR

29 DAS NORDKAP DER SCHWEIZ – UND DAS ENDE DER FAHNENSTANGE

▲ Alpenschneehahn
▶ Auf dem Fil de Cassons, mit Piz Segnas und Piz Sardona

Wie ein gigantischer Tisch ragt der Crap da Flem, der Flimserstein, fast zweitausend Meter über das hügelige Land zwischen Flims und Trin. Ganz oben, auf dem Fil de Cassons, ist man in einer weiten und kargen Felslandschaft unterwegs – und fühlt sich wie im hohen Norden Skandinaviens.

Zwischen Flims, dem Piz Grisch und dem höchsten St. Galler, dem Ringelspitz, hat die Natur einige bemerkenswerte Werke geschaffen. Da sind einmal die beiden grossen Schwemmebenen Segnas Sut und Segnas Sura, durch die das Bergwasser in beinahe tausend Kurven, Armen und Verzweigungen fliesst. Weiter oben, an der Grenze zum Glarnerischen, kratzt eine schiefe Reihe von Zähnen und Gipfeln den Himmel auf, ihrerseits aber durchbohrt vom riesig klaffenden Martinsloch. Am markantesten aber ist der Crap da Flem, der Flimserstein, ein gigantischer Felstisch von etwa zwei auf vier Kilometer Ausdehnung und beinahe rundum abgesetzt durch Hunderte Meter hohe Felswände. Vor fast 10 000 Jahren brachen hier etwa zehn Kubikkilometer Gestein ab – das entspricht etwa dem Wasservolumen des Vierwaldstättersees –, donnerten mehr als tausend Meter in die Tiefe und schufen eine der grössten Bergsturz-Trümmerfelder der Welt.

Highlights Naturnahe Schwemmebenen, alpine Landschaften, gute Chancen, Steinböcke und Gämsen zu sehen
Schutzstatus Geschützte Auengebiete Segnas Sut und Segnas Sura, mehrere Wildruhezonen
Jahreszeit Schneefreie Zeit

Keine Frage: Hier ist man in einer wilden Berglandschaft unterwegs. Aber Flims ist nicht weit, und so ist diese

◀ Kalk-Polsternelke

▶ Totengebeins-flechte

alpine Welt auch mit Bahnen und Bussen erschlossen. Das Ziel der Wanderung ist der Fil de Cassons, die höchste Krete des Flimsersteins, auf beinahe 2700 Metern. Es ist allerdings mehr eine Hochebene denn eine Krete, und hier fühlt man sich schnell wie in einer weiten Landschaft des Nordens. Das steinige Gelände ist leicht gewellt und nur lückig bewachsen; auf den kalkigen Gesteinsbrocken kleben Totengebein- und andere Flechten, in feuchten Ritzen gedeihen Moose, und überall verteilt haben sich Graspolster und zähe Alpenblumen im Untergrund verkrallt, Kalk-Polsternelken etwa und Mont-Cenis-Glockenblumen, aber auch das Edelweiss kommt hier noch vor.

Der Fil de Cassons ist bei Tierfotografen beliebt. Wer sich für Vögel interessiert, hat hier gute Chancen, Schneesperlinge, Alpenbraunellen und Steinschmätzer auf den Sensor bannen zu können, und mit etwas Glück kreist am Himmel ein Steinadler oder ein Bartgeier. Ein besonderes Erlebnis ist die Sichtung eines Mornellregenpfeifers. Im Spätsommer rasten die Vögel hier gern auf ihrem Flug von Schottland oder Skandinavien zu ihren Winterplätzen in Nordafrika. Aber auch für grössere Tiere ist der Fil de Cassons ein lohnendes Ziel. Steinböcke zum Beispiel schätzen die hohe Lage mit freier Sicht in alle Richtungen; bei übermässiger Störung oder an heissen Tagen ziehen sie sich aber in die schrofigen Hänge und Wände im Norden und Osten des Grates zurück. Auch Gämsen sind manchmal in grossen Gruppen auf dem Flimserstein unterwegs.

Stress auf dem Gipfel

Kurz nach dem Ende der letzten Eiszeit donnerten Millionen Tonnen Gestein vom Flimserstein in die Tiefe. Heute lauert eine andere Bedrohung für die Natur – und sie schleicht sich langsam von unten herauf: Hitze. Seit Messbeginn ist die Temperatur in der Schweiz um fast zwei Grad gestiegen – und in den vergangenen drei Jahrzehnten ist sie besonders stark gestiegen. Das bringt

Plaun Segnas Sura

auch die Tiere und Pflanzen in den Alpen ins Schwitzen. Weil es wärmer wird, müssen die Pflanzen in höhere, kühlere Lagen ausweichen. Aber das können sie natürlich nicht von heute auf morgen. Studien haben gezeigt, dass 93 Prozent der untersuchten Pflanzenarten nicht genug schnell in die Höhe wandern konnten; weil sie nun in einem für sie zu warmen Klima festsitzen, könnte sie dies das Überleben kosten. Am schwersten haben es Pflanzen, die gar nicht mehr weiter in die Höhe ausweichen können – und genauso ist es am Fil de Cassons. Hier haben sie bereits den höchsten Punkt erreicht und können nur noch hoffen, dass sie die steigende Wärme aushalten. Das ist aber nur die eine Seite. Denn von weiter unten klettern andere Arten unweigerlich in die Höhe und drohen die «Ausharrer» oben zu verdrängen. Die saftigen grünen Weiden reichen beim Fil de Cassons bereits bis kurz unter die höchsten Kreten.

Aber auch Tiere sind von der Klimaerwärmung betroffen. Steinböcke etwa hielten sich bereits 2013 etwa 130 Meter höher auf als zwanzig Jahre früher. Besonders stark könnte das Alpenschneehuhn von den steigenden Temperaturen betroffen sein. Das Tier ist mit seinen behaarten Füssen und seinen Rückzugshöhlen im Schnee bestens an angepasst. Wird es im Sommer richtig warm, sucht es sich kühlere Nischen in den Nordhängen. Doch diese werden mit dem Klimawandel immer seltener. Laut Modellstudien könnte der Lebensraum für das Alpenschneehuhn bis 2070 um bis zu zwei Drittel abnehmen.

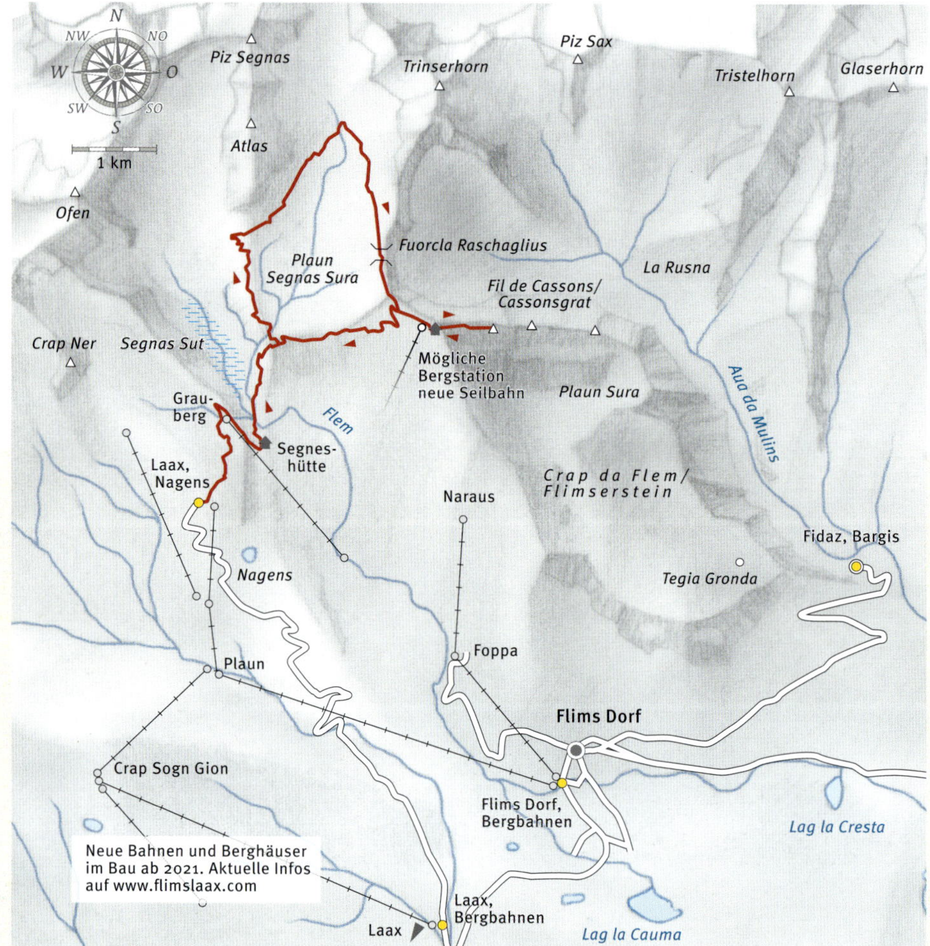

DIE WANDERUNG

Die landschaftlichen Highlights dieser Wanderung sind die beiden Schwemmebenen Segnas Sut und Segnas Sura, der Blick auf die Tschingelhörner (mit dem Martinsloch) und schliesslich die Hochebene auf dem Fil de Cassons. Wichtig: In den kommenden Jahren werden ob Flims Luftseilbahnen abgerissen, dafür andere gebaut. Geplant sind Bahnen nach Nagens und auf den Fil de Cassons. Bitte Wanderplan an die aktuelle Situation anpassen.

START UND ENDE Bushaltestelle Laax GR, Nagens (nur wenige Kurse pro Tag)
ROUTE Via Segneshütte und Segnas Sura auf den Fil de Cassons. Via Crap la Tgina zurück zum Ausgangspunkt.
LÄNGE 17,8 km
AUFSTIEG 1120 m
ABSTIEG 1120 m
WANDERZEIT Ca. 6¼ Std.
SCHWIERIGKEIT T2

EINKEHREN/UNTERKUNFT Segneshütte; weitere Möglichkeiten auf Nagens und auf dem Fil de Cassons sind in Planung.

VARIANTEN Vom Fil de Cassons lässt es sich alternativ nach Bargis absteigen. Für die 1200 m Abstieg sind etwa 2¾ Std. zu veranschlagen. Der letzte Abschnitt durch die Felswand verläuft auf einem guten, aber holprigen Saumsträsschen. Sobald in ein paar Jahren in Betrieb, kann man mit der Luftseilbahn vom Fil de Cassons nach Flims gelangen.

Weitere Infos

www.flimslaax.com

Die Route auf einer digitalen Karte oder als Download für Karten-Apps.

◀ Mornellregen-
pfeifer
▶ Mont-Cenis-
Glockenblume
▼ Gämse auf dem
Fil de Cassons

AVERS GR

㉚ BEI DEN MURMELTIEREN IST (FAST) IMMER ETWAS LOS

Ein Fernglas holt die Murmeltiere ganz nah heran. (Anmerkung: Die Bilder in diesem Kapitel stammen aus verschiedenen Orten in den Alpen.)

Da können andere Tiere mit noch so grossen Flügeln oder kühnen Klettermanövern auftrumpfen – für Kinder ist das Murmeltier der Star in unseren Bergen. Und im bündnerischen Avers gibt es sogar einen Murmeltierpfad, auf dem man die putzigen Kerlchen in aller Ruhe beobachten kann.

Ab Anfang Juli ist es so weit: Die jungen Murmeltiere stecken scheu ihren Kopf aus dem Bau und gucken sich zum ersten Mal die grosse, helle Welt unter der Sonne an. Vor etwa sechs Wochen wurden sie geboren, tief unten im Bau; danach wurden sie von ihrer Mutter gesäugt. Jetzt wollen sie aber diese neue Umgebung kennenlernen und erobern, und nach dem fast siebenmonatigen Winterschlaf ist auch der Appetit der Älteren auf frische Gräser und Kräuter gross. Und alle Jungen, auch ihre älteren Geschwister, wollen jetzt auch spielen. Da wird gerangelt und geboxt, da purzelt man im Zweierknäuel den Hang hinunter, da rennt und sprintet man, man ringt und wirft sich hin. Es ist ein ausgelassenes Spiel, das allerdings auch auf den Ernst des Lebens, auf spätere Revierkämpfe, vorbereitet. Und es ist ein Spiel, dem die menschlichen Zuschauer unten auf der Alpstrasse – die Kinder, aber auch ihre Eltern – verzückt folgen.

Highlights Murmeltiere beobachten; Gämsen und Steinböcke in den Berghängen
Schutzstatus Auen, Flachmoore und ausgedehnte Trockenwiesen und -weiden von nationaler Bedeutung
Jahreszeit Für die Murmeltiere: Anfang Mai bis Ende September

Das Avers, ein Hochtal im südwestlichen Graubünden, ist eines der murmeltierreichsten Gebiete der Alpen. Viele Jahre erforschte hier eine ganze Reihe von Universitäten aus aller Welt das Leben (und Schlafen) der Murmel-

Natur-Tipp

Wo lassen sich sonst noch Murmeltiere beobachten? Murmeltiere sind fast überall in den Alpen zu Hause. Sie kommen zwar zwischen 1200 und 3000 Meter vor, bevorzugen aber Lagen zwischen 400 und 600 Meter oberhalb der Waldgrenze. Spezielle Murmeltier-Pfade gibt es etwa in Grindelwald, Zermatt, Lenk, auf der Bettmeralp und in Crans-Montana. Wer einen eigentlichen Murmeltier-Zoo mit verschiedenen Arten aus aller Welt besuchen möchte, geht auf die Rochers-de-Naye hoch über Montreux.

tiere. 2001, als die Studien beendet waren, wurde der Murmeltier-Lehrpfad eingerichtet. Er verläuft durchgehend auf einer Naturstrasse, und auf einer Serie von Tafeln erfährt man viel Spannendes und Erstaunliches über die putzigen Tiere. Damit Sie die besten Chancen zum Beobachten haben, folgen hier einige Tipps:

- Bereits Ende März erscheinen vereinzelte Tiere, doch so richtig los geht es dann in der zweiten April-Woche. Falls nötig, graben sich die Tiere sogar durch meterdicken Schnee einen Tunnel ins Freie. Die wenige Wochen alten Jungtiere wagen sich aber erst ab Anfang Juli zum ersten Mal ans Sonnenlicht.
- An kühlen Sommertagen sind die Tiere von etwa 8 bis 18 Uhr ausserhalb ihrer Baue aktiv, bei Regenwetter bleiben sie lieber drinnen.
- An heissen Tagen ziehen sich die Murmeltiere über die Mittagsstunden in den kühlen Bau zurück. Etwa Anfang Oktober begeben sie sich für den Winterschlaf wieder in ihren Bau.

Im Avers gibt es aber nicht nur Murmeltiere zu bestaunen. In seinen relativ naturnahen Tälern ist die gesamte Alpenfauna vertreten, vom Birk- und Steinhuhn über den Fuchs und Dachs bis zu den Wölfen, Gämsen und Steinböcken.

◀ Zahme Murmeltiere im Nationalpark Hohe Tauern (Österreich)
▲ Vorderbergalga im Avers

Und auch vom Murmeltierpfad aus hat man mit einem Fernglas gute Chancen, einige dieser Tiere zu sehen. In den Matten und felsigen Hängen ziehen verschiedene Vögel ihre Jungen auf, etwa der Bergpieper, das Braunkehlchen, die Alpenbraunelle und die Ringdrossel. Im unteren Teil des Val Bergalga, zwischen Tscheisch- und Wengahorn, äsen Gämsen gern in den frühen Morgenstunden an den Rändern der Tobel und Einschnitte. Das ganze Val Bergalga ist auch Heimat einer Gruppe von etwa 35 Steinböcken. Erstaunlich: Hoch oben am Tscheischhorn, auf einer Höhe von 2500 Metern, sind seit einigen Jahren sogar Rehe zu Hause – und dies selbst im Winter. Sie wurden möglicherweise durch aus tieferen Lagen «nachrückende» Rothirsche hier hinauf verdrängt, halten sich aber seither wacker. Weiter hinten im Tal, gegen den Bergalgapass hin, leben ebenfalls Gämsen, aber nur noch vereinzelt Steinböcke.

Etwas fällt im Avers auf: Der Wald fehlt stellenweise komplett. Natürlicherweise gäbe es hier Wald bis auf eine Höhe von 2100 Metern, also bis nach Juf. Von der Lezibrücke bei Cresta weg ist aber die Nordseite komplett entwaldet, und oberhalb von Pürt sind es gar beide Seiten. Wesentlich dazu beigetragen hat, dass früher im Val Madris und auch im Val Ferrera Erz verhüttet wurde, wofür immense Mengen Holz nötig waren.

AF MF
STABILIZER
ON OFF

◀ Apollofalter
▶ Schwefel-Anemonen
▼ Neugieriges Murmeltier

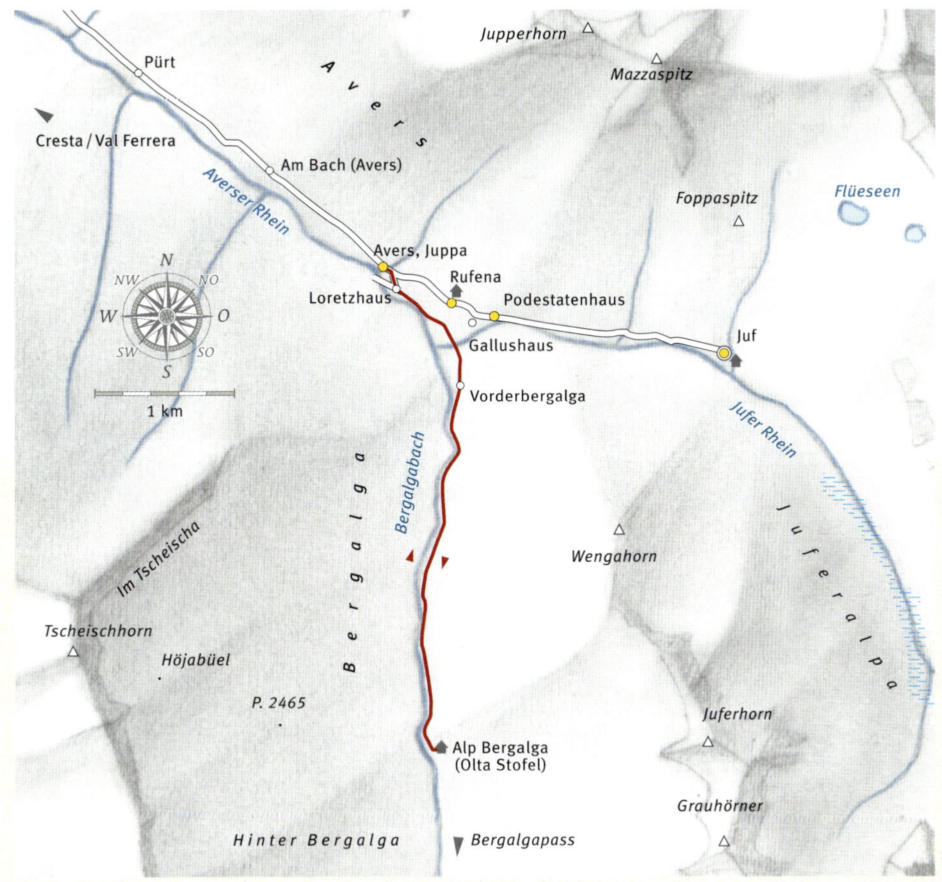

DIE WANDERUNG

Für die Wanderung mit einer Länge von insgesamt sechs Kilometern (hin und zurück) sollte man etwa drei bis vier Stunden zur Verfügung haben. Es lohnt sich sehr, ein Fernglas oder Fernrohr mitzunehmen – für die Murmeltiere, aber auch für andere Tiersichtungen in den Wiesen, den Hängen und am Himmel.

START UND ENDE Bushaltestelle Avers, Juppa (nur wenige Kurse pro Tag)
ROUTE Gut markiert und mit Lehrtafeln versehen bis zur Alp Bergalga (Olta Stofel) und wieder zurück.
LÄNGE 7,6 km
AUF- UND ABSTIEG 100 m
WANDERZEIT 2 Std.

SCHWIERIGKEIT T1
EINKEHREN Juppa; die Alp Bergalga ist von ca. Anfang Juli bis Mitte September meist bewirtet.
FÜR FAMILIEN Einfache Route, Murmeltiere

Weitere Infos

www.murmeltier.ch
www.viamala.graubuenden.ch

Die Route auf einer digitalen Karte oder als Download für Karten-Apps.

▲ Ausblick vom Säntis, am Horizont der Hohe Kasten
▶ Grossköpfige Gämswurz, hinten die Altenalptürm

ALPSTEIN SG

㉛ GIPFEL, GRATE UND GÄMSEN

Der Alpstein – ein Gebirge, als wären all die ordentlichen Schichten der Erdkruste für kurze Zeit in einen geologischen Mixer geraten. Die Landschaft aus Türmen und Tobeln und Graten und Gruben ist aber nicht nur spektakulär, sondern auch Heimat einer reichen alpinen Lebensgemeinschaft – darunter 180 Steinböcke und mehr als 1000 Gämsen.

Mit diesen Aussichten heisst es also: Nichts wie los! Doch dabei sollte man ein paar Sachen im Voraus wissen. Erst einmal muss man sich die guten Plätze erarbeiten. Der Weg von Gamplüt oberhalb von Wildhaus auf den Säntis ist nämlich mit 1340 Metern Aufstieg kein Pappenstiel, mit Stärkungspausen in der Alpwirtschaft Schafboden und im Berghaus Rotsteinpass konditionell jedoch machbar. (Im Info-Teil ist eine einfachere Wandervariante beschrieben.) Das letzte Stück über den berühmten Lisengrat ist zudem streckenweise sehr ausgesetzt; dank vorbildlicher Sicherungen mit Geländern und Ketten ist es trotzdem noch rot-weiss markiert. Wer diese beiden Hürden schafft, hat sich dafür einen der belebtesten Lebensräume der Steinböcke erwandert, denn im Sommerhalbjahr halten sich die Tiere gern zwischen dem Rotsteinpass und dem Säntisgipfel auf. Alle 180 Tiere, die heute im Alpstein leben, gehen dabei auf ein Grüppchen von elf Tieren zurück, die 1954 ausgesetzt wurden. Die Tiere sind dabei sehr standorttreu; Wanderungen von einzelnen Männchen, etwa ins benachbarte Churfirsten-Gebiet, sind recht selten.

Highlights Alpine Bergwelt mit kühnen Gipfeln und Graten; naturnahe Artenvielfalt mit guten Chancen, Steinböcke und Gämsen zu sehen
Schutzstatus Diverse Wildruhezonen, grosses Jagdbanngebiet, Waldreservate, national geschützte Moore
Jahreszeit Schneefreie Zeit vom Bergfrühling bis in den Herbst

▲ Alpendohle
◀ Rothirsch
▶ Luchs

Die Zahl der Gämsen im Alpstein ist mit 1200 bedeutend höher; trotzdem sind sie nicht unbedingt einfacher zu entdecken, da sie sich gern im Wald aufhalten. Wie in anderen Regionen der Schweiz ist hier die Gämsblindheit ein Problem, und in manchen Jahren mussten die Wildhüter schon 50 Tiere von ihrem Leiden erlösen. Die Krankheit, die durch Mykoplasmen (sehr kleine Bakterien) ausgelöst wird und die Tiere erblinden lassen kann, wird höchstwahrscheinlich durch Fliegen von Schafen auf Gämsen (und auch Steinböcke) übertragen. Fachleute orten dabei die Probleme in der Schweiz an verschiedenen Fronten: Schafe werden oft kreuz und quer durch das Land transportiert und verschleppen dadurch die Erreger in die hintersten Bergtäler. Zudem sind die Schafbestände manchenorts schlicht zu hoch und die Tiere weiden auch noch in grossen Höhen, wo die Fliegen dann die Erreger auf die Gämsen oder Steinböcke übertragen. Gefordert wären also kleinere Bestandeszahlen und eine besser kontrollierte Weideführung.

Der ganze Talkessel zwischen der Thurwies und dem Rotsteinpass und die Hänge zum Säntis hin sind botanisch gut erforscht. Der Hintergrund: Pro Natura wehrte sich gegen ein überdimensioniertes Alperschliessungsprojekt und wollte als Grundlage die botanische Vielfalt erfassen. (Als schönes Resultat daraus ergab sich ein Projekt, welches das Miteinander von Naturschutz und Alpwirtschaft zum Ziel hatte.)

Auf dem Lisengrat, links der Wildhuser Schofberg

Mit Blumen und Kräutern für einen besseren Murmeltier-Schlaf

Dabei wurde eine erstaunliche Artenvielfalt festgestellt. Nicht weniger als 355 Pflanzenarten konnten an einigen wenigen Untersuchungstagen gezählt werden – das sind etwa drei Viertel aller Arten, die heute für das ganze Alpstein-Gebiet bekannt sind. Auch seltene (und gefährdete) Raritäten sind darunter wie etwa die Gemeine Akelei, der Hohe Rittersporn, das Verkannte Berufkraut, die Stumpfblättrige Rose und diverse Binsen- und Seggenarten. An manchen Orten ist sogar die Feuerlilie recht verbreitet, vor allem im felsigen Gelände, in welches das Vieh nicht gelangen kann. Auch die Vögel wurden erfasst; die Liste umfasste schliesslich fast 70 Arten. Steinadler, Steinrötel, Kuckuck, Turmfalke und auch Mauerläufer konnten dabei regelmässig gesichtet werden.

Murmeltiere sind im Alpstein sehr häufig; wer mit seinen Kindern auf Murmeltierpirsch gehen will, hat gute Chancen auf Gamplüt (am Fuss des Wildhuser Schofbergs) und bei der nahe gelegenen Teselalp. Etwas vom Erstaunlichsten bei den putzigen Kerlchen ist der Winterschlaf. Ihre Körpertemperatur fällt dabei auf 2 bis 4 Grad über null und ihr Herz schlägt nur noch alle zehn bis fünfzehn Sekunden einmal. Viele Tiere überleben den Winterschlaf allerdings nicht. Besonders gefährdet sind junge Tiere, die nach ihrer Entwöhnung von Muttermilch nur noch kurz Zeit haben, um vor dem ersten Schneefall genug Gras zu fressen und Fett anzulegen. Auch Weibchen, die Junge geworfen haben, sind überdurchschnittlich gefährdet. Die besten Chancen haben grössere Schlafgemeinschaften von Jungen, ihren älteren Geschwistern und den Eltern.

▲ Prachtnelke

▶ Steinböcke auf dem Lisengrat

In der Natur ist alles mit allem verbunden – aber wer hätte gedacht, dass nun etwas Bauerndünger im Sommer den Winterschlaf der Murmeltiere, und damit ihre Überlebenschancen, verschlechtern kann? Studien haben gezeigt, dass Murmeltiere, die auf natürlichen, vielfältigen Rasen mit zahlreichen Kräutern und Blumen fressen können, daraus hochwertige Fette herstellen können. Wird eine Wiese gedüngt und entwickelt sich zu einer fetteren Wiese, nimmt ihr Nährwert für die Murmeltiere ab und die Fette, die sie daraus bilden können, sind minderwertiger. Und weil diese Fette im Winterschlaf weniger lang Energie liefern, ist auch die Sterblichkeit der Tiere höher. Kurz: Es geht nichts über eine natürliche und bunte Bergwiese.

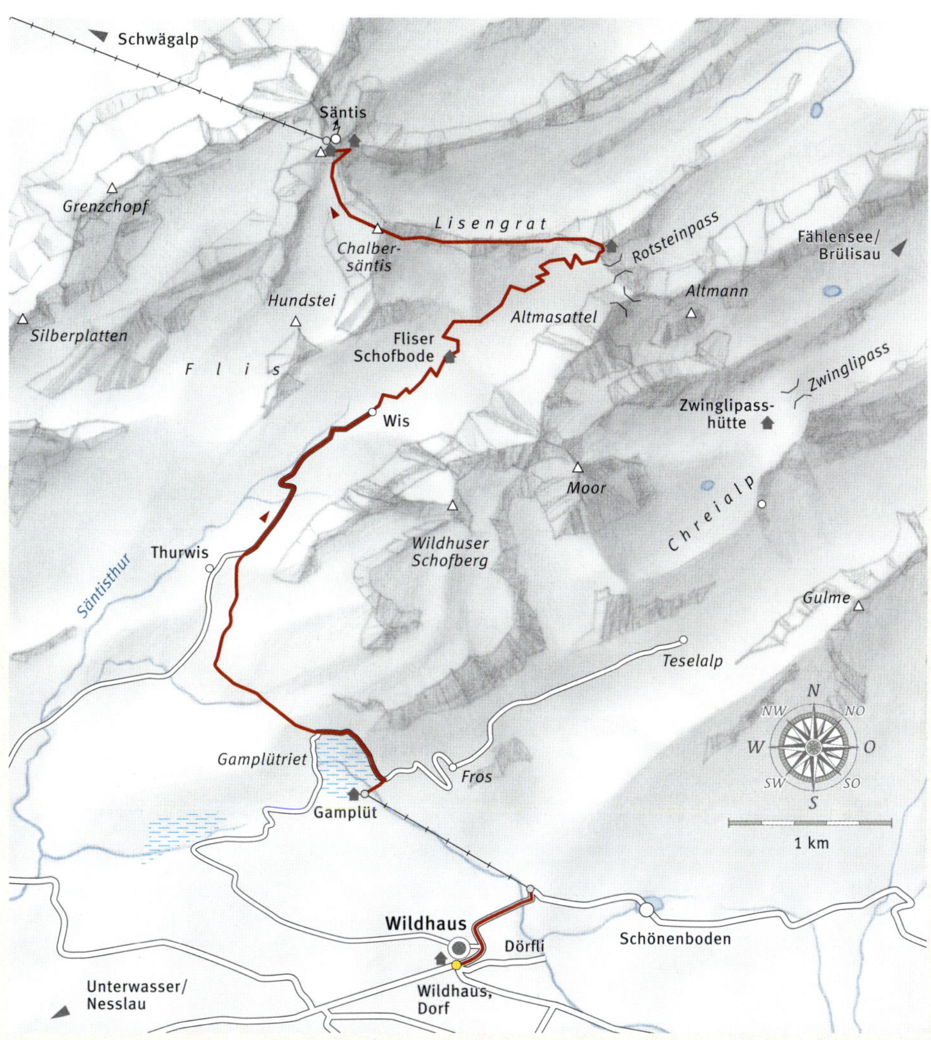

DIE WANDERUNG

Obwohl die Route über den Lisengrat vorbildlich gesichert ist, sollte sie sich nur vornehmen, wer absolut schwindelfrei ist. Alle anderen entscheiden sich besser für die einfachere Variante.

START Bergstation Gamplüt
ENDE Bergstation Säntis (Luftseilbahn Schwägalp)
ROUTE An der Thurwis vorbei und via Fliser Schofbode auf den Rotsteinpass, nun via Lisengrat auf den Säntis.
LÄNGE 9 km
AUFSTIEG 1340 m
ABSTIEG 220 m
WANDERZEIT Ca. 4¾ Std.
SCHWIERIGKEIT T3, ausgesetzte Passagen am Lisengrat, bei Regen oder Gewittergefahr nicht empfohlen

EINKEHREN/UNTERKUNFT Gamplüt, Fliser Schofbode, Rotsteinpass, Säntis
FÜR FAMILIEN Wanderung zur Zwinglipasshütte mit Übernachtung

VARIANTE Eine einfachere Alternative ohne ausgesetzte Stellen führt von Gamplüt zur Zwinglipasshütte SAC und zum Altmasattel (2367 m). Im Gebiet zwischen dem Altmann und dem Moor halten sich gern Gämsen und Steinböcke auf. Für den Aufstieg ab Gamplüt bis zum Altmasattel und zurück zur Zwinglipasshütte ist mit 4½ Std. zu rechnen (1150 m Aufstieg). Nach einer Hüttennacht besteht die Möglichkeit, nach Wildhaus abzusteigen (2 Std.) oder via Fählensee und Sämtisersee nach Brülisau zu wandern (3¾ Std.).

Weitere Infos

www.toggenburg.org, www.appenzell.ch

Die Route auf einer digitalen Karte oder als Download für Karten-Apps.

BEVERIN GR

㉜ AUGE IN AUGE MIT ZWEI HÖRNERN

▲ Steinbock beim Carnusapass
▶ Ausblick vom Piz Tarantschun, hinten der Piz Beverin
▼ Glänzende Skabiose beim Carnusapass

Jagdbanngebiete wurden eingerichtet, um der erbarmungslosen Bejagung (und Ausrottung) von Wildtieren einen Riegel zu schieben – und sie sind noch heute Refugien, in denen die Tiere vor den Flinten der Jäger sicher sind. Wer Steinböcke oder Gämsen sehen möchte, ist im Jagdbanngebiet Beverin also genau richtig.

In der Mitte des 19. Jahrhunderts stand es um die Wildtiere in der Schweiz ausserordentlich schlecht. Aufgrund intensiver und unregulierter Bejagung und immer besserer Gewehre war der Steinbock bereits vollständig ausgerottet, um 1850 war auch der Rothirsch nahe an diesem Schicksal. Und bei Gämsen und Rehen war es nur noch eine Frage der Zeit, bis auch sie aussterben würden. Dazu beigetragen hatte unter anderem der schlechte Zustand des Waldes – er war vielenorts völlig übernutzt oder ganz abgeholzt und bot so den Tieren keine Rückzugsmöglichkeiten und keinen Lebensraum mehr.

Wie so oft reagierte der Mensch nicht präventiv, sondern erst, als es (beinahe) zu spät war. 1875 wurde das erste «Bundesgesetz über die Jagd und den Vogelschutz» verabschiedet; damit wurde die Jagd auf Wild stark eingeschränkt. Die Motivation dahinter lag allerdings nicht nur im Tierschutz, denn Raubtiere wie Wölfe, Luchse, Fischotter oder Adler durften nach wie vor gejagt werden (bis zur Ausrottung); es ging vor allem auch darum, die Ziele für die Jäger zu erhalten und die Ein-

Highlights Naturnahe alpine Landschaft mit je mehreren Hundert Gämsen und Steinböcken, Förderungsprojekt für artenreiche Wiesen am Schamserberg
Schutzstatus Jagdbanngebiet, mehrere Wildruhezonen, Naturpark Beverin, zahlreiche Trockenwiesen und -weiden von nationaler Bedeutung am Schamserberg und Heinzenberg
Jahreszeit Bergfrühling bis Herbst

▲ Gämse

◀ Schnirkelschnecke

▶ Zwergwüchsige Weide im Daunenkleid ihrer eigenen Fruchthaare

nahmen aus den Jagdgebühren zu sichern. Als weitere Massnahme wurden Jagdbanngebiete geschaffen, in denen die Jagd komplett verboten war. Und schliesslich wurde nur ein Jahr später das Eidgenössische Forstgesetz erlassen, um den Raubbau an den Wäldern zu beenden.

Aber immerhin, es geschah etwas. Und es zeigte Wirkung. Die Wälder wuchsen wieder, Überschwemmungen, Rutschungen und Lawinen gingen zurück und die Wildbestände erholten sich allmählich. Heute gibt es in der Schweiz 42 Jagdbanngebiete, vom 9 Quadratkilometer kleinen bei den Mythen bis zum 107 Quadratkilometer grossen Jagdbanngebiet Freiberg Kärpf im Glarnerland. Alle zusammen umfassen eine Fläche von über 1500 Quadratkilometern, das entspricht etwa der Grösse des Kantons Luzern.

Zwischen dem Safiental, dem Val Schons und dem Hinterrheintal liegt eine Kette von eindrücklichen, schroffen Gipfeln aus Kalkphylliten, Mergelschiefern, Dolomiten, Tongesteinen und Rauwacken – kein Wunder, gibt es bei dieser Vielfalt ein Gelbhorn, ein Schwarzhorn, ein Wisshorn und dann auch noch die Grauhörner. Im nördlichen Teil des Gebiets liegt das Jagdbanngebiet Beverin. Das fast 43 Quadratkilometer grosse Schutzgebiet ist flankiert von einer ganzen Reihe von temporären Wildruhezonen und ist heute (wieder) Heimat für eine erstaunlich grosse Zahl von Wildtieren. Hier sind typische Alpen-

Beim Carnusa-pass, links der Piz Tarantschun

tiere zu Hause wie Murmeltiere, Schneehasen, Schneehühner und dazu eine grosse Zahl von Vögeln, vom Schneesperling und Steinschmätzer bis zum Kolkraben und Steinadler (von dem es in Graubünden etwa 120 Brutpaare gibt).

Die etwa 50 bis 70 Rothirsche im Gebiet streifen vom Frühling bis in den Herbst hinein durch die alpinen Zonen, im Winter ziehen sie sich in die tiefer liegenden Wälder zurück. Die Steinbockkolonie Safien-Rheinwald umfasst etwa 350 Tiere. Sie sind grösstenteils stationär, nur die Böcke wandern manchmal in benachbarte Gebiete. Da die genetische Basis der Schweizer Steinböcke aber überaus klein ist, kann man hier nicht sicher sagen, dass dies zu einer Blutauffrischung führt. Und schliesslich leben im Jagdbanngebiet nicht weniger als 500 Gämsen. Die Populationen sind soweit gesund; nur die Gämsblindheit kann in manchen Jahren bis zu 25 Prozent der Gämsen (und auch der Steinböcke) das Leben kosten.

Das Jagdbanngebiet Beverin und die Wildruhezonen liegen innerhalb des 2013 eröffneten Naturparks Beverin. Über ihn gibt es diverse spannende Angebote für Tierfreunde. In Wergenstein, im Hotel Capricorns, wurde eine Ausstellung zum Steinbock eingerichtet, es können Wildtierbeobachtungswanderungen gebucht werden (Infos auf www.viamala.graubuenden.ch) und bei der Farcletta digl Lai Grand, zwischen dem Schwarzhorn und den Grauhörnern, finden Wanderinnen und Wanderer zwei Wildbeobachtungsstationen, die mit Fernglas und verschiedenen Infomaterialien ausgerüstet sind.

Natur-Tipp

Am Schamserberg hat der Naturpark Beverin das Erlebnis-Projekt «mia natira» zum Thema Artenvielfalt in Wiesen und Weiden lanciert. In Mathon, neben dem Restaurant Muntsulej, steht ein umfunktionierter Bauwagen mit einer kleinen interaktiven Ausstellung. Zusätzlich werden zwei Wanderwege vorgeschlagen, um solche Wiesen und Weiden selbst zu entdecken, komplett mit Audiobegleitung.

Bartgeier über dem Carnusapass, hinten der Piz Forbesch

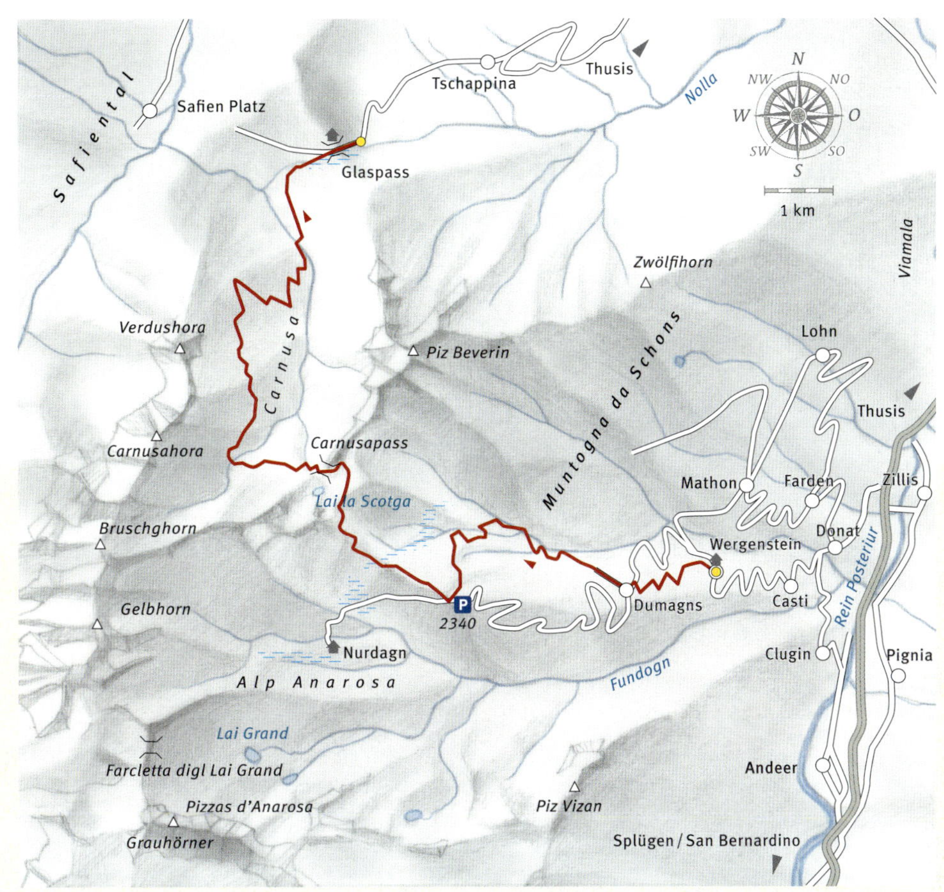

DIE WANDERUNG

Die vollständige Gebietsdurchwanderung ist mit gut sieben Stunden und mehr als 1400 Metern Aufstieg lang und anstrengend; sie führt auf beiden Seiten durch ausgedehnte Alpweiden. Wem dies zu viel ist, findet unten zwei Etappenvorschläge.

START Bushaltestelle Wergenstein, Dorf
ENDE Bushaltestelle Glaspass
ROUTE Via Dumagns auf den Carnusapass (2604 m) und dann via Carnusahütte zum Glaspass.
LÄNGE 19,3 km
AUFSTIEG 1460 m
ABSTIEG 1110 m
WANDERZEIT Ca. 7 Std.
SCHWIERIGKEIT T2
EINKEHREN Wergenstein, Glaspass
UNTERKUNFT Wergenstein, Nurdagn, Glaspass
FÜR FAMILIEN Zweitägige Exkursion mit Bus alpin und Übernachtung in der Alp Nurdagn

VARIANTE MIT ZWEI TAGEN Übernachten auf der Alp Nurdagn auf 2272 m, Lager und Mehrbettzimmer, offen Mitte Juni bis Ende Oktober, www.alpnurdagn.ch. Die erste Tagesetappe ist 3¼ Std. lang mit 880 m Aufstieg, die zweite Tagesetappe ist 4¾ Stunden lang mit 690 m Aufstieg und 1110 m Abstieg.
VARIANTE MIT BUS ALPIN Von Juli bis Mitte Oktober jeweils samstags und sonntags mit dem Bus von Wergenstein bis auf eine Höhe von 2340 m. Infos auf www.busalpin.ch. Die Wanderung reduziert sich damit auf 4½ Std. mit 590 m Aufstieg und 1100 m Abstieg.

Weitere Infos

www.naturpark-beverin.ch

Die Route auf einer digitalen Karte oder als Download für Karten-Apps.

LIVE GÄMSEN-EXKURSION AM VÄTTNERBERG GR

33 IM LAND DER GÄMSEN UND ADLER

Während Steinböcke in ihren Brunftkämpfen mit lautem Knall aufeinander losdonnern, liefern sich die Gämsböcke stillere, dafür wesentlich schnellere Kämpfe, und es kann auch zu wilden Verfolgungsjagden kommen. Mit einem einheimischen Kenner sind die Chancen gross, hier dabei zu sein.

«Wenn ihr oben aus dem Bähnchen kommt, schaut in die Wiesen rechts, dort hat es manchmal schon Gämsen!», gibt uns Gebhard Vils, der Revier-Obmann, als ersten Tipp mit. Langsam steigt das kleine Bähnchen hoch, über kahle Wälder und an Felsabbrüchen vorbei. Es ist November, ein klarer und kalter Tag – ideal, um auf Gämspirsch zu gehen. Still und leise steigen wir aus der Kabine, treten aus der Bergstation ins grelle Licht und scannen die Wiesen ab – nichts.

Schon auf der Fahrt zur Talstation haben wir viel darüber erfahren, was es heisst, Jäger oder Wildhüter zu sein. Vor wenigen Wochen mussten sie eine Gämsmama und ihr Kitz schiessen, weil die Geiss an Gämsblindheit erkrankt war – ein Schicksal, das beiden einen qualvollen Tod gebracht hätte. Und dann waren da auch noch drei verwilderte Hausziegen; damit sie sich nicht mit Steinböcken paaren, mussten sie erlegt werden.

Highlights Gämsböcke während der Brunft im November beobachten; viel Spannendes über diverse Alpentiere erfahren

Schutzstatus Generell nicht schwierige Wanderungen, gute Beobachtungsmöglichkeiten

Jahreszeit Übersicht über die grössten Anbieter von Natur- und Tierexkursionen auf Seite 20

Kaum ist der Rest der Gruppe bei der Bergstation eingetroffen, geht es so richtig los. Mit etwa zehn Feldstechern und Fernrohren sind wir bewaffnet, und mit den Augen von zwei erfahrenen Jägern als Trumpf. Als Erstes – dass die Natur sich da nicht an unser

◄ Exkursionsteilnehmer

► Steinadler

▼ Der Calanda

Lehrreiches über Gämshörner (Krickel)

Exkursionsthema hält, nehmen wir gelassen hin – erspähen wir zwei Steinadler über einem kleinen Wäldchen am gegenüberliegenden Berghang. Moment, da sind noch zwei! Gleich vier Steinadler auf einmal kreisen hoch in der frischen Morgenluft oder patrouillieren nahe am Boden durch einige Steilhänge. Wie wir erfahren, ist die Jagdtechnik der Steinadler ausgefeilt und basiert auf dem Überraschungseffekt und ihrer legendären Kraft. Sind zwei Steinadler gemeinsam am Jagen, kreist der eine, quasi als Ablenkungsmanöver, über einer Gruppe von Murmeltieren. Der zweite nähert sich dann, knapp über dem Boden, von der Seite den nichtsahnenden Tieren, schiesst im letzten Moment über eine Kante hinweg und versucht, sich ein Opfer zu schnappen. Steinadler, die allein jagen, sitzen manchmal auf einem Stein mit guter Rundumsicht und versuchen ihr Glück mit der «Über-die-Kante-schiessen»-Technik. Aber auch mit schierer Kraft versuchen die Steinadler manchmal, Beute zu machen. Dabei überraschen sie etwa eine kleine Gämse, heben sie einige Meter durch die Luft und lassen sie in abschüssigem Gelände zu Boden fallen.

Heute geht es bei den Steinadlern nicht so dramatisch zu und her. Aber an einem halbsonnigen Berghang weiter links, auf etwa 2200 Metern, entdecken wir nun eine Gruppe von Gämsen. Sie ziehen nordwärts auf eine Krete zu, einige verschwinden schon im Dunkel der schattigen Berghänge. «Sie haben ein so gutes Fell, dass es ihnen bereits zu warm wird jetzt», weiss Gebhard. «Und schaut! – Dort unten ist ein Wanderer unterwegs; auch wegen ihm verziehen sie sich.» Jetzt, im November, haben die Tiere schon ihr fast schwarzes Winterfell, ihre «Winterdecke» zugelegt, und mit dieser können sie mehr Wärme von der Sonne aufnehmen.

«Früher wollten die Jäger immer die grössten und ältesten Tiere schiessen, aber das war gar nicht gut», lernen wir von unserem Jagd-Experten. Denn so wurden

Gämsgeiss mit Kitz

die erfahrensten Tiere weggeschossen, und die sind natürlich am wertvollsten, wenn es um das Überleben der Herde geht. Es wurden also die besten Gene eliminiert. Doch heute macht man das anders und schaut, dass die ältesten und erfahrensten Tiere der Herde erhalten bleiben.

Inzwischen haben unsere beiden Jagd-Experten drei grosse Fernrohre auf Stativen montiert und alle können die Gruppe noch etwas beobachten. Die meisten verhalten sich recht ruhig – äsen etwas oder sind ruhig unterwegs. Hie und da aber kommt es zu Kämpfen zwischen zwei Böcken, bei denen der eine versucht, seinen Gegner abzudrängen und zu verjagen. «Mit ihren Krickeln stossen sie dabei ihren Gegnern in die Seite. Da die Hörner stark zurückgebogen sind, kommt es dabei allerdings sehr selten zu Verletzungen. Doch es kann sie schon geben», hören wir von unserem Experten.

Auf einem halbstündigen Weg steigen wir auf eine Schulter auf, von der aus wir in eine neue Geländekammer sehen. Dabei kommen wir zur Rechten auch an einem Waldstück vorbei. «Das ist ein ganz wichtiges Einstandsgebiet – für Gämsen, Steinböcke und auch Birkhühner», erklärt Gebhard. «Hier gehen wir nicht jagen, und um die Tiere im Winter zu schützen, fährt auch die Bahn hier im Winter nicht hoch. Es muss einfach ruhig bleiben.»

Der Aufstieg zu unserem zweiten Aussichtspunkt hat sich gelohnt: Weiter hinten im Talkessel entdecken wir in den sonnigen und grasbewachsenen Flanken eine Gruppe von etwa fünfzig oder sechzig Gämsen; einige sind am Äsen, andere liegen entspannt auf einem Bödeli, und manchmal kommt es zu Gerempeln und Verjagungsaktionen zwischen zwei Böcken. Nahe sind sie nicht, aber mit unseren erstklassigen Fernrohren können wir jede Bewegung mitverfolgen und fühlen uns mitten im eindrücklichen Spektakel.

SCHWEIZERISCHER NATIONALPARK GR

34 DAS BESTE DER SCHWEIZ – BERGNATUR MIT VOLLER KRAFT

▶ Rothirsch im Val Trupchun

Wenn es um ursprüngliche Natur in der Schweiz geht, darum, grosse Wildtiere wie Hirsche, Gämsen und Steinböcke zu beobachten, dann ist der Schweizerische Nationalpark die unbestrittene Nummer 1. Seit mehr als hundert Jahren wird hier die Natur sich selbst überlassen – so kann man sie in ihrer ganzen Kraft und Vielfalt erleben.

«Dieses Tal würde sich vortrefflich zu einem schweizerischen Nationalpark eignen, wo keine Axt und kein Schuss erklingen dürfte. Es hat reiche Arven-, Lärchen- und Fichtenwälder, wilde Legföhrenbestände, eine schöne Alpenflora und, wenn man ein Stück des anstossenden Ofengebietes dazu nähme, ausgedehnte Bestände der hochstämmigen Bergföhre, in denen noch der Bär haust.» (Aus: Der Schweizerische Nationalpark, Stefan Brunies, Benno Schwabe & Co., 1948)

Mit diesen Worten schätzte die Schweizerische Naturforschende Gesellschaft das Gebiet um den Arvenwald Tamangur und den Ofenpass ein, als sie sich zu Beginn des 20. Jahrhunderts daran machte, ein Gebiet für einen (ersten) Schweizerischen Nationalpark zu finden. Schliesslich aber entschied man sich, auf Betreiben des jungen Stefan Brunies aus Cinuos-Chel, für das Val Cluozza. «Man gelangte bald zu der Einsicht, dass die alpine Flora und Fauna in jenem Gebirgsdistrikt [...] in der gesamten Alpenkette der Schweiz verhältnismässig am ungestörtesten erhalten geblieben ist, ein Gebiet, in

Highlights Der älteste Nationalpark der Alpen und Mitteleuropas, Schutzgebiet der höchsten Klasse; ausgezeichnete Chancen, Rothirsche, Gämsen, Steinböcke und Murmeltiere zu beobachten

Schutzstatus Nationalpark, Reservat der Kategorie Ia (IUCN), Teil des UNESCO-Biosphärenreservats Val Müstair-Parc Naziunal

Jahreszeit Schneefreie Zeit, etwa Mai/Juni bis Oktober/November

Bei Buffalora,
links der Piz Nair

welchem weder zu ausgedehnte Firngebiete vorhanden sind, welche alles Leben ertöten, noch auch niedriges Flachland, in welchem durch die Kultur die Naturwelt verdrängt und vernichtet wird.» (Cratschla 2/1/1994, aus: Nationalpark oder internationales Spölkraftwerk. Schweiz. Naturschutzbücherei, Band 5, SBN 1947)

Natur im Urzustand

Die beiden Zitate zeigen: Man wollte die ursprünglichste und lebendigste Natur in der Schweiz finden und einen Nationalpark errichten. Nach einigen Verzögerungen, vor allem wegen Geldnöten, klappte es dann, und am 1. August 1914 wurde der Schweizerische Nationalpark offiziell gegründet. Noch heute ist dieses inzwischen auf 174 Quadratkilometer gewachsene Gebiet die «Referenz», die Basis, wenn es um naturbelassene Landschaften und Ökosysteme in der Schweiz geht. Und das hat nicht nur für Wissenschaftlerinnen einen einmaligen Wert, die hier natürliche, ungestörte Prozesse studieren können – wie etwa die Wanderung von Wildtieren oder die Wiederbewaldung nach Bränden.

Auch für Besucher bietet der Nationalpark Möglichkeiten, die es kaum an einem anderen Ort in der dicht besiedelten Schweiz gibt: weg zu sein von Städten und Strassen, Stille und Weite zu erfahren und zu geniessen, und eine vielfältige, unvergleichlich intakte Natur zu sehen und zu erleben. Bäume dürfen hier wachsen und alt werden, bis sie umfallen, Bäche und Flüsse gestalten ihr

▲ Murmeltier
▶ Alpen-Aster
▼ Berg-Weissling
▶ Edelweiss

Bett ständig neu, und Tiere dürfen wandern und weiden, (beinahe) wo sie wollen – ohne Risiko, abgeschossen zu werden.

Die Vielfalt der Flora und Fauna im Park ist dabei immens. Mehr als 650 höhere Pflanzenarten wurden bisher identifiziert, 36 Säugetierarten und insgesamt etwa 5000 Tierarten. Vor einigen Jahren wurde der vermutlich grösste Pilz Europas im Nationalpark entdeckt; der Dunkle Hallimasch bedeckte eine Fläche von 500 mal 800 Metern! Für Wanderer und Naturfreundinnen ist der Nationalpark aber besonders für die grossen Huftiere wie Hirsch, Gämse und Steinbock bekannt.

Im Tamangur-Wald

Wann und wo kann ich diese Tiere beobachten?

Rothirsche Im Mai erscheinen die ersten Hirschkühe und jungen Stiere im Park (etwa abends bei Il Fuorn). Im Juni setzen die Kühe ihre Kälber, die Stiere treffen im Park ein (Val Trupchun, Val Mingèr, Val Foraz, Stabelchod, Murteras da Stabelchod, Grimmels). Im Juli ziehen die Tiere in höhere Lagen. Ab Mitte September ist Brunftzeit, Höhepunkt ist die letzte Woche (Val Trupchun, Val Mingèr, Val Cluozza, Munt la Schera, Ofenpass-Gebiet). Bis Ende Oktober haben dann fast alle Tiere den Park verlassen.

Gämsen Ab Mitte Mai kommt es zu den ersten Würfen (etwa Il Fuorn, auch tagsüber, im Juni auch Margunet, Grimmels, Val Trupchun, Val Mingèr, Fuorcla Murter, Murtaröl). Im Juli steigen die Gämsen vermehrt über die Waldgrenze. Ende Oktober beginnt die Brunftzeit (tiefere Lagen in der Val dal Botsch, Val da Stabelchod, Fuorn-Gebiet, Val Trupchun, Val Cluozza, Murtaröl).

Steinböcke Im Mai halten sie sich noch in tieferen Lagen auf. Im Juni verlieren sie das Winterfell und setzen die Kitze (etwa Val Trupchun). Im Juli steigen sie über die Waldgrenze (Val Müschauns, Fuorcla Val Sassa, Val Trupchun, Fuorcla Trupchun, Fuorcla Murter). Im September steigen sie wieder in tiefere Lagen ab.

Murmeltiere Ende April kommen die ersten Murmeltiere aus ihren Bauen. Im Juni verlassen auch die Jungtiere den Bau und tollen herum (Fuorcla Murter, Val da Stabelchod, Val dal Botsch, Val Trupchun, Val Mingèr, Munt la Schera, Buffalora, Jufplaun). Ende September ziehen sich die Murmeltiere für den Winterschlaf zurück.

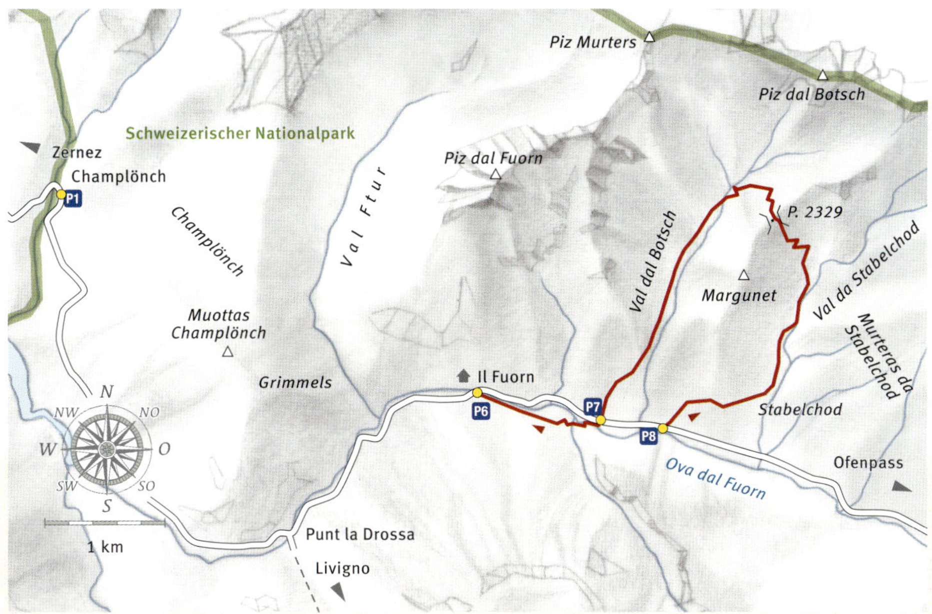

DIE WANDERUNG

Die Route auf einer digitalen Karte oder als Download für Karten-Apps.

Die Beinahe-Rundwanderung von der Ofenpassstrasse ist eine der lohnendsten kürzeren Wanderungen im Nationalpark. In den umliegenden Berghängen zwischen Piz dal Fuorn und Piz Nair können oft Huftiere beobachtet werden.

START Bushaltestelle Stabelchod P8
ENDE Bushaltestelle Il Fuorn P6
ROUTE Gut markiert über Margunet wieder zurück zur Strasse und nun nach Il Fuorn.
LÄNGE 7,6 km
AUFSTIEG 470 m
ABSTIEG 560 m
WANDERZEIT Ca. 2 ¾ Std.
SCHWIERIGKEIT T2
EINKEHREN/UNTERKUNFT Il Fuorn
FÜR FAMILIEN Einfache Route, geführte Touren, Besucherzentrum in Zernez
VERLÄNGERUNG Von Il Fuorn via Grimmels (Murmeltiere) und Champlönch zur Bushaltestelle Champlönch P1. Zusätzlich 6,5 km, 330 m Aufstieg, 290 m Abstieg, ca. 2 Std.

Weitere Infos

www.nationalpark.ch, www.biosfera.ch, Nationalparkzentrum in Zernez

Rothirsche

Im Schaffhauser Randen

BIODIVERSITÄT IM ALLTAG

TIPPS FÜR DEN NATURGARTEN

Beim Thema Artenvielfalt und Biodiversität denken viele an grosse, wilde Landschaften – Auengebiete, urige Wälder oder bunte Bergwiesen. Richtig! Aber auch falsch! Denn auch im Siedlungsraum kann es überaus bunt zu und her gehen. Einige Beispiele:

- 1000 der 1300 im Kanton Aargau vorkommenden Pflanzen können in einem Naturgarten wachsen.
- In einem bunten Naturgarten können 8 Hummelarten, 24 Libellenarten, 220 Wildbienenarten und 650 Schmetterlingsarten eine Heimat finden – ungefähr. Auf diese Zahlen ist der Naturgarten-Experte Reinhold Witt gekommen (Buchempfehlung auf Seite 245).
- Die Salweide bietet nicht weniger als 34 Wildbienenarten Pollen und Nektar; dieses Futter schätzen sie besonders im Frühling, wenn sie viel Energie brauchen.
- Der Vogelbeerbaum hält mit seinen roten Beeren Futter für 63 Vogelarten bereit.
- Der Wildapfelbaum bietet mit seinen Früchten, Blättern und Trieben 35 Säugetierarten Nahrung.

Wohnen Sie in einem der inzwischen eine Million Einfamilienhäuser in der Schweiz? Wunderbar! Dann haben Sie die ideale Möglichkeit, in Ihrem Garten ein kleines Paradies zu schaffen. Nein, es muss nicht ein flächendeckender Dschungel sein – man kann durchaus auch Weglein und eine gepflegte Liegewiese einplanen.

Wohnen Sie in einem Mehrfamilienhaus oder einem Block? Nicht aufgeben! Denn mit etwas Fantasie und Initiative kommen auch Sie zu Ihrem Naturgarten.

- Vielleicht kennen Sie bereits einen Miet-, Schreber- oder Gemeinschaftsgarten in der Nähe? Googeln und anrufen.
- Es ist durchaus möglich, dass Sie von einer guten Nachbarin ein paar Quadratmeter Land für die eigenen Experimente und Ideen erhalten.
- Es kann sich auch lohnen, bei der Gemeinde nachzufragen, ob Sie ein Stück Gemeindeland begärtnern könnten, oder Sie bekommen dort weitere Tipps.
- Auf www.horterre.ch sind Gärten zu finden, deren Besitzer sie nicht mehr pflegen mögen. Vielleicht können Sie einen dieser Gärten adoptieren.
- Auf www.stadtwurzel.ch gibt es viele Angebote und Inspirationen zu Gemeinschaftsgärten und Urban Gardening.
- Für Anpackerinnen: Vielleicht schaffen Sie es, Ihre Firma oder Ihren Wohnblock-Besitzer zu überzeugen, diese eintönige Rasenfläche beim Parkplatz in eine Naturoase zu verwandeln? Argumente sammeln, gute Laune abwarten und die Chefin anrufen!

Ein Insektenhotel

So gehen Sie vor

Nun soll es aber konkret werden. Sie haben einen «Blätz» Land und möchten darauf mehr Natur, mehr Arten, mehr Gezirpe und Gesumme und Gezwitscher.

1. Überlegen Sie, wie Sie die Fläche aufteilen wollen. Soll alles Natur sein? Wollen Sie auch einen Sitzplatz haben oder eine Gemüse- und Kräuterecke?
2. Treten Sie einen Schritt zurück und fragen Sie sich, was Sie denn eigentlich haben: Ist die Fläche schattig oder sonnig, feucht oder trocken? Je nach Bedingungen eignen sich natürlich bestimmte Pflanz- und Bauideen besser als andere. Jede Menge Tipps dazu gibt es in guten Büchern.
3. Ein Mosaik von Lebensräumen ist besonders wertvoll für Tiere und Pflanzen. Falls das Grundstück also gross genug ist: Welche verschiedenen Lebensräume möchten Sie anlegen? Eine Magerwiese, einen Tümpel, eine Hecke, einen Obstbaum?
4. Mit dem Plan in der Hand geht es an die Schaufel – umsetzen ist angesagt. Seien Sie mutig und lassen Sie sich auf das Experiment ein. Egal was Sie anlegen – die Natur wird selbst das Beste daraus machen. Wichtig dabei: Verwenden Sie nur einheimische Pflanzen, und auch Kies, Holz oder Steine sollten aus der Region stammen.
5. Entstehen lassen: Geben Sie Ihrem kleinen Paradies Zeit zu wachsen, zu reifen und sich zu entwickeln. Wenn nötig, müssen Sie vielleicht hie und da steuernd eingreifen. Und vor allem: Geniessen Sie den neuen Naturgarten.

◀ Spitzenfleck
▶ Kohlmeise

Die wichtigsten sechs Rezepte für Ihren Naturgarten

	Vorteile	Anlegen
Blumenwiese	Nahrung für Insekten und Kleintiere. Und eine Augenweide.	Am besten an sonnigen und trockenen Standorten. Boden lockern und Pflanzen und Wurzeln entfernen. Mindestens 1 Monat ruhen lassen. Spezielles Saatgut zwischen April und Juni aussäen. 1 bis 3 Mal pro Jahr schneiden (mit Balkenmäher oder Sense; ohne Rasenmäher).
Ruderalfläche	Besonders blumenreiche Flächen und Lebensraum für zahlreiche Kleintiere.	Am besten an sonnigen Standorten. Die obersten 50 cm sollten aus einer Mischung von Rohboden, Kies und/oder Sand bestehen. Samenmischung für Ruderalstandorte verwenden, eventuell Sträucher pflanzen. Nicht mähen, sondern alle paar Jahre die Hälfte der Fläche aufhacken.
Haufen und Mauern	Bringen Abwechslung in den Garten und bieten unzähligen Tieren ein Zuhause: Gliedertieren, Igeln, Eidechsen, Blindschleichen etc.	Haufen aus Ästen, Stammabschnitten, Holzscheiten, Laub und/oder Schnittgut machen; Haufen oder Mauern aus Steinen oder Kies anlegen. Besonders wertvoll in der Nähe von Hecken und Sträuchern. Auch offene Komposthaufen sind wertvoll.
Sträucher, Hecken und Bäume	Sie prägen den Garten optisch noch mehr. Und bieten wiederum zahllosen Tieren ein Zuhause (Nistkästen) sowie Nahrung.	Nur einheimische Sträucher und Bäume verwenden. Ist nur wenig Platz da, einen Strauch, eine Kopfweide oder einen kleinwüchsigen Baum verwenden. Hochstamm-Obstbäume, Eichen, Linden und Weiden sind besonders wertvoll für die Artenvielfalt.
Wasserstellen	Sie locken eine ganz neue Schar Bewohner an, etwa Amphibien und Libellen. Im Sommer sind Trinkstellen für Vögel äusserst wertvoll.	Was immer möglich ist – vom eingegrabenen Kübel oder aufgeschnittenen Fass über ein Feuchtbiotop bis zum kleinen oder grossen Weiher. Immer eine Ausstiegshilfe (Ast oder Brett) anbringen, damit hineingefallene Tiere (Mäuse, Igel) wieder herauskommen.
«Desserts»	Nistkästen	Für Vögel und Fledermäuse. Sie können an der Hauswand oder an einem Baum angebracht werden.
	Insektenhotels	Man kann sie an vielen Orten kaufen oder auch einfach selbst machen. Anleitungen gibt es im Internet.
	Wildbienenhotels	Wildbienen brauchen offenen, sandigen Boden oder einfach einen Sandhaufen. Sie müssen aber in der Nähe Nahrung finden können (Blüten).

◀ Weinbergschnecke
▶ Laubfrosch

Aufpassen

Im Garten lauern verschiedene Hindernisse, Gefahren und sogar tödliche Fallen.

- Zäune sollten unten einen Durchlass von mindestens 10 cm haben (Igel etc.).
- Kein Gift verwenden. Bei «Unkraut» mulchen oder jäten.
- Katzen können Unmengen von Vögeln, Eidechsen und kleinen Säugetieren erbeuten. Bäume mit einem Kragen sichern. Dornige Sträucher bieten Vögeln, Eidechsen und Kleintieren Sicherheit.
- Lichtverschmutzung. In Sommernächten verenden unzählige Insekten an Lichtquellen – weil sie hier verbrennen, vor Erschöpfung sterben oder leicht gejagt werden. Lichter nur dort anbringen und nur dann einschalten, wenn es wirklich nötig ist. Keine Lichter in Gebüsche oder nach oben richten.
- Vogelfalle Glasscheiben: An ihnen sterben jährlich Hunderttausende von Vögeln, weil sie Fenster nicht sehen und den vermeintlichen Baum dahinter anfliegen. Muster oder Kleber anbringen.

Mehr wissen

Bücher: Im Buchhandel gibt es zahlreiche Bücher zum Thema Naturgarten. Besonders fundiert und informativ ist das Buch «Natur für jeden Garten. 10 Schritte zum Natur-Erlebnis-Garten» von Reinhard Witt.
Zeitschriften: Empfehlenswert ist die Zeitschrift «Bioterra», die von der gleichnamigen Organisation herausgegeben wird. Diese setzt sich für Bio- und Naturgärten für biologischen Anbau in der Schweiz ein. Sie betreibt auch 60 Erlebnisgärten für Kinder und hat etwa 16 000 Mitglieder (www.bioterra.ch).
Internet: Auch hier gibt es viele Ressourcen. Auf der Website der Vogelwarte in Sempach (www.vogelwarte.ch) findet man mit dem Suchbegriff «vogelfreundlicher Garten» eine Menge wertvoller Informationen und praktischer Tipps.

Der Garten-Tacho –
wie biodivers ist Ihr Garten?

Grünflächen um unsere Häuser sind eine riesige Chance, viel für die Natur und die Artenvielfalt tun zu können. Viele Menschen nutzen diese Gelegenheit vorbildlich und schaffen gleich noch eine Wellness-Oase für die Seele. Bei anderen «Gärten» bleibt einem beinahe der Atem weg. Am wichtigsten ist es, weg von Einfalt, Tod und Exotik hin zu Vielfalt, Leben und einheimischen Pflanzen zu

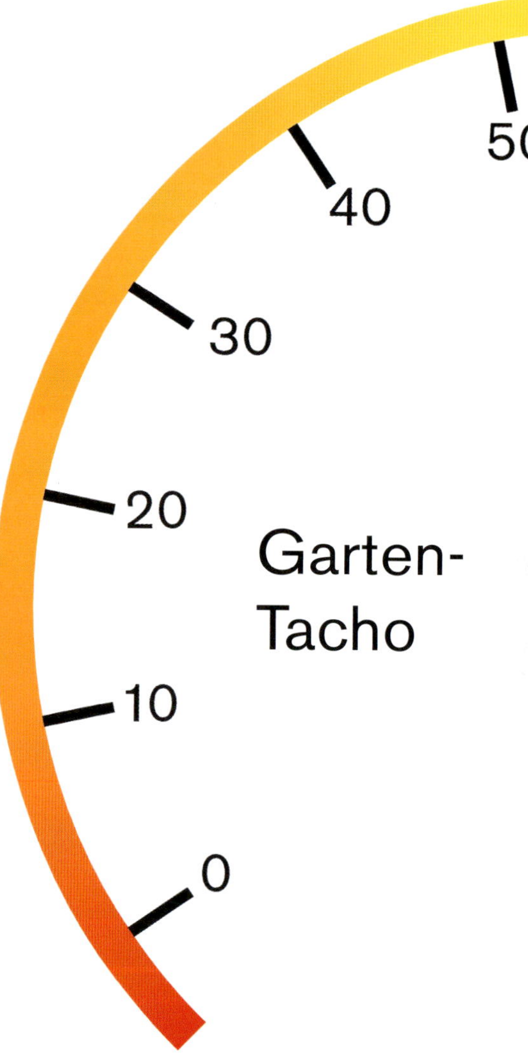

kommen, die einheimischen Schmetterlingen, Bienen und Vögeln Nahrung und Unterschlupf bieten. Wo befindet sich Ihr Garten zurzeit auf dem Garten-Tacho? Was wäre Ihr Ziel, und wie könnten Sie dorthin gelangen?

ERNÄHRUNG UND KONSUM: T-SHIRTS FÜR DEN TIGERSCHUTZ

Was hat ein T-Shirt mit einem Tiger zu tun, und sogar mit dessen Schutz? Gute Frage. T-Shirts sind ja oft viel zu billig, und die Menschen werden verleitet, zu viele zu kaufen und diese dann – ein Mal getragen – wegzuwerfen. Genau so ist es aber – leider viel zu häufig. Dass der Anbau von Baumwolle, die für die T-Shirts notwendig ist, Unmengen an Land braucht, Unmengen an Wasser für die Bewässerung der Felder, und dass oft Unmengen an Pestiziden im Einsatz sind, ist zum Glück vielen bekannt. Natürlich gibt es auch biologisch angebaute Baumwolle, doch auch die braucht viel Land und viel Wasser. Land, das vielleicht einmal dem Tiger gehört hat, und Wasser, das nun in den Flüssen fehlt, das seinen Urwald am Leben erhält.

Nachhaltig produzierte T-Shirts – und generell nachhaltig produzierte Kleider – sind auf jeden Fall ein Schritt in die richtige Richtung. Wenn aber das Konsumniveau gleich hoch bleibt, wenn dann doch jeden Monat ein neues T-Shirt gekauft wird, so ist die Umweltbelastung unter dem Strich doch wieder immens. Besser ist es, nachhaltig zu kaufen und auch den Fuss vom Konsumpedal zu nehmen.

Natürlich ist das T-Shirt nur ein Beispiel für ein Produkt, das die Umwelt und damit auch die Biodiversität belastet. Praktisch jedes Produkt kommt mit seinem Umweltrucksack daher. Das Kotelett hat in seinem Werdegang schon viel Land verbraucht – Land, auf dem das Futter des Schweins oder Rinds gewachsen ist, seien es die hiesigen Maisfelder oder die Sojafelder auf ehemaligem Regenwaldboden in Südamerika. Die Tomate aus Spanien hat nicht nur Unmengen Wasser verschlungen (was mit ausgetrockneten Flüssen und sinkenden Grundwasserspiegeln einhergeht), für ihren Transport sind auch 0,6 Kilo CO_2 pro Kilo Tomate entstanden. Die besonders billigen Äpfel stammen aus Niederstamm-Plantagen, die kaum Lebensraum für Insekten und Vögel bieten und in denen oft grosse Mengen an Pestiziden zum Einsatz kommen. Und der Flug nach New York hat zwei Tonnen CO_2 in die Atmosphäre geblasen – pro Passagier! Das Treibhausgas lässt die Temperaturen steigen und damit Wälder brennen – in Südamerika, Australien, bei uns, beinahe überall.

Das können Sie tun

Es gibt viele hervorragende Sammlungen von Tipps, wie man umwelt- und biodiversitätsfreundlicher einkaufen kann. Hier zwei Beispiele:

- **Die WWF-Ratgeber-App:** Hier finden sich zahlreiche ganz konkrete Tipps für ein umweltschonendes Einkaufen. Für Früchte und Gemüse zeigt die App für den aktuellen Monat die Sorten, die aus heimischem Anbau stammen oder (noch) aus Lagerbeständen kommen. Bei Fischen und Meeresfrüchten gibt sie für jede Art und die entsprechende Herkunft (Label) an, ob man sie ruhigen Gewissens kaufen kann – oder besser die Finger davon lassen soll. Besonders wertvoll sind auch eine Übersicht und ein Rating zu all den Lebensmittel-Labels, die es bereits gibt, von IP über

Tiger, Baumwollfeld und T-Shirts: Es hängt alles zusammen.

MSC und Max Havelaar bis zur Bio-Knospe. In einem separaten Footprint-Rechner lässt sich ermitteln, wie umweltfreundlich man selbst zurzeit unterwegs ist.

- **Die Climate Actions App von Myblueplanet:** Die App hilft einem auf spielerische Art, CO_2 zu sparen und so das Klima zu schonen. Dazu kann man sich auf Challenges einlassen, in denen man durch kleinere oder grössere Massnahmen in einer vorgegebenen Zeit Punkte sammeln kann. Das ist in verschiedenen Bereichen möglich, etwa Ernährung, Konsum, Mobilität und Wohnen. Sehr spannend: Wer möchte, kann sich auch mit anderen Teams messen, die ebenfalls an Challenges teilnehmen, und sieht jederzeit, wie viele andere Menschen an einer bestimmten Challenge schon teilgenommen haben.

Geht es auch einfacher?

Sie können einen ganz schön überfluten, die langen Listen von Sachen, die man tun könnte. Wer keine Lust hat, diese zu studieren und etwas auszuwählen, kann sich auch auf die allerwichtigsten Hebel konzentrieren. Das sind der Fleisch-Konsum, der Verbrauch von fossilen Energien wie Benzin, Heizöl und Kerosin sowie das Konsumtempo, sprich: viel kaufen und viel wegwerfen. Und wem diese paar Zeilen noch immer etwas viel sind und wer lieber einen kernigen Leitsatz hat, wie wär's damit:

GO VEGI.
GO FOSSIL-FREE.
GO SLOW FASHION.

Bessere Kreationen sind jederzeit willkommen.

Eine Frage der Einstellung

Vielen geht es gleich und alle kennen wohl diese Erfahrung: Man weiss, was man tun müsste, aber schafft es einfach nicht. Zu lecker ist das

Stück Fleisch, zu verlockend ist es, jene neue Gore-Tex-Jacke zu kaufen, und zu bequem ist es, am Wochenende mit dem Auto zu verreisen. Es sind alte Gewohnheiten, es ist die Lust am Kaufen, und es ist manchmal auch Bequemlichkeit. Diese Kluft zwischen Wissen und Handeln – im Englischen wird sie «knowing-doing gap» genannt – haben Wissenschaftler gut untersucht. Und sie haben auch Mittel gefunden, die helfen, diese Kluft zu überbrücken. Mittel, die einem helfen, vom «Ich sollte» zum «Jetzt tu ich's» zu kommen. Hier sind die wichtigsten Stossrichtungen dieser Hilfsmittel:

- Versteifen Sie sich nicht auf den Gedanken des «Verzichtens», sondern versuchen Sie, das Attraktive der Alternative zu sehen.
- Seien Sie dabei kreativ. Mit ein bisschen Fantasie und Mut wird plötzlich die Alternative spannender als das übliche Alte.
- Weniger ist mehr. Will heissen: Schätzen Sie das, was Sie haben, und suchen Sie nicht das Glück im Neuen – es währt sowieso nur kurz.
- Vernetzen Sie sich: Allein etwas durchziehen ist schwierig. Es fällt oft viel leichter, wenn man sich mit ähnlich gesinnten Menschen vernetzt und sich über Erfolge und Schwierigkeiten austauscht.

So gelingt es leichter:

	Alter Gedankengang **So schaffen Sie es nur schwer.**	Neuer Gedankengang **So fällt es Ihnen viel leichter.**
Fleisch essen	Es schmeckt mir so gut, aber ich sollte weniger davon essen.	Jetzt will ich doch mal herausfinden, welches das beste Vegi-Plätzli im Regal ist …
Saisonale Früchte	Eigentlich sollte ich nicht das ganze Jahr über Tomaten essen.	Ich freue mich schon jetzt, dass es im Sommer wieder Schweizer Tomaten gibt. Dann lade ich zu einer Spaghettata mit selbst gemachtem Sugo.
Kleider kaufen	Ich sollte wegen des Klimas weniger neue Kleider kaufen.	Ich liebe meine Gore-Tex-Jacke so, dass ich sie trage, bis sie irgendwann wirklich zerschlissen ist. So sehe ich bis dann gleich auch noch viel bergerfahrener aus.
In die Ferien fliegen	Ich sollte in den Ferien nicht so weit weg fliegen.	Jetzt schaue ich mal, ob ich es in den Ferien mit dem Velo bis in die Provence schaffe. Das wäre doch ein prima Abenteuer!
Arbeitsweg	Man sagt, man solle nicht so viel Auto fahren.	Jetzt fahre ich einfach mal für zwei Wochen mit dem Velo zur Arbeit – so habe ich gleich noch mein Fitness-Programm gemacht!

DIE IDEALE LANDSCHAFT

Richtig – Träume sind nur Träume. Aber anderseits gilt auch: Ohne grosse Ziele erreicht man auch keine grossen Ziele. Und darum hat BirdLife Schweiz im Computer eine ideale Landschaft kreiert, eine Landschaft, in welcher der Mensch lebt – in der aber auch die Biodiversität und die Artenvielfalt blühen. Das Bild auf der folgenden Seite illustriert beispielhaft einen möglichen Zustand, den wir erreichen möchten (wollen). Denn der Bund hat sich im Rahmen der Strategie Biodiversität verpflichtet, bis 2040 eine solche voll funktionsfähige «ökologische Infrastruktur» aufzubauen. Ihm zur Seite stehen sollen die Kantone, die Wirtschaft, die Wissenschaft und Naturschutzgruppen.

Diese ökologische Infrastruktur sollte in ausreichender Quantität und Qualität das ganze Land überziehen. Die Kerngebiete (also die «Herzstücke» mit den wichtigsten Lebensräumen, z. B. grössere Naturwälder oder Auenlandschaften) müssen mindestens 17 Prozent der Fläche umfassen, zusammen mit den Vernetzungsgebieten (also den »Laufkorridoren« zwischen den Kerngebieten, etwa Hecken, Waldstreifen oder Bachläufe) mindestens ein Drittel. Diese Zahlen sind wissenschaftlich abgestützt (Aichi Biodiversity Targets, Studie Forum Biodiversität Schweiz).

Drücken wir uns die Daumen, dass wir es schaffen – für die Wildbiene, den Feuersalamander und den Wiedehopf. Und für spannende, erlebnisreiche Sonntagswanderungen für uns alle.

Die ökologische Infrastruktur

Dieses Bild zeigt eine Landschaft, in der es Platz für die Menschen und die Landwirtschaft und die Natur und die Artenvielfalt gibt. Das Bild ist zwar am Computer entstanden. Wenn aber alle engagiert an demselben Strick ziehen, können wir diese Landschaft Realität werden lassen.

1 Mager- und Trockenwiesen und Weiden
Hier leben unzählige Blumen, Kleintiere und Insekten, die Nahrung sind für Vögel und andere Tiere.

2 Brachstreifen
Sie sind ein wichtiger Lebensraum für Blumen und Kleintiere. Hier finden Vögel Brutplätze.

3 Auenlandschaften mit Seen, Fliessgewässern und Altwassern
Stille und Fliessgewässer bilden Lebensadern für Fische, Amphibien, Vögel und zahlreiche andere Arten.

4 Hochstammobstbäume
Hier leben der Steinkauz, der Wiedehopf, der Wendehals sowie Specht- und Meisenarten und ziehen ihre Jungen auf.

5 Landwirtschaftsland
Das Land wird biologisch bewirtschaftet und ist mit «Trittsteinen» ausgestattet, damit Tiere wandern können.

6 Lichte Wälder
Sie sind Heimat etwa für die Waldschnepfe, den Ziegenmelker, den Gelbringfalter und den Frauenschuh.

7 Hecken und Gehölze
Sie sind nicht nur Lebensraum, sondern auch Korridore, auf denen Tiere in der Landschaft wandern können.

8 Naturwald
Die Waldfläche sollte genügend gross sein (mindestens 5 km^2) und viel Alt- und Totholz enthalten.

9 Moore, Weiher, Feuchtgebiete
Moore müssen geschützt und wieder hergestellt werden, in kleinen Gewässern leben Fische und Amphibien.

(Quelle: BirdLife Schweiz)

8
9
7
2
5
3
4

DANK

Unzählige Wildhüter, Expertinnen und Fachleute von Naturschutzorganisationen haben mir bei diesem grossen Projekt geholfen. Nur dank ihnen konnte ich überall von erstaunlichen Tieren und Pflanzen, von seltenen Lebensräumen und von spannenden Projekten berichten. Ihnen allen danke ich hier sehr herzlich.

Laudo Albrecht
Matthias Baltisberger
Sara Bangerter
Ruedi Baumgartner
Christoph Benisch
Markus Berger
Cilia und Claude Besançon
Stefan Birrer
Stefan Blaser
Estee Bochud
Daniel Bolt
Leslie Bonnard
Serena Britos-Wiederkehr
Urs Büchler
Antoine Burri
Christina Casparis
Yannick David Chittaro
Léo Constantin
Emilie Dunant
Walter Dyttrich
Markus Egle
Georges Eich
Severin Erni
Lukas Frei
Thomas Frei
Simon Fuchs
Hans Gartmann
Christoph Germann
Albert Good
Giselher Grabenweger
Urs Grossniklaus
Andrea Haslinger
Reto Hefti
Dominik Henseler
Petra Horch
Eva Inderwildi
Alain Jacot
Simon Jäger
David Jenny
Peter Kleiner
Barbara Klinger
Pius Kunz
Alessandra Lochmatter
Hans Lozza
Fridolin Luchsinger
Stephan Lussi
Fridli Marti
Marzia Mattei-Roesli
Christian Meienberger
Andreas Meyer
Maya und Hansruedi Müller
Eike Neubert
Evelyne Oberhummer
Peter Oggier
Robert Ott
Patrik Peyer
Thomas Reich
Benoît Renevey
Werner und Sandra Renggli
André Rey
Elodie Rey-Keim
Christian Roesti
Isabelle Roth
Hannes Schumacher
Beatrice Senn
Martin Spiess
Arnold Steiner
Urs Tester
Gebhard Vils
Wendelin Wehrle
Mirella Wepf
Beat Wermelinger
Vanessa Wirz
Brigitte Wolf
Urs Wüthrich
Martin Oliver Yves

Institutionen

BirdLife Schweiz und Sektionen / lokale Vereine
BirdLife-Naturzentrum Klingnauer Stausee
BirdLife-Naturzentrum La Sauge
Bundesamt für Umwelt BAFU
Jugendgruppe Natrix
Koordinationsstelle für Amphibien- und Reptilienschutz in der Schweiz (karch)
Naturpark Beverin
Naturzentrum Pfäffikersee
Naturzentrum Thurauen
Pro Natura und ihre Sektionen
Pro Natura Schaffhausen
Schweizerische Vogelwarte Sempach
Schweizerischer Nationalpark
Wildnispark Zürich

Zudem möchte ich den Stiftungen und Organisationen danken, welche die Arbeit an diesem Buch mit ihrer finanziellen Unterstützung überhaupt möglich gemacht haben.

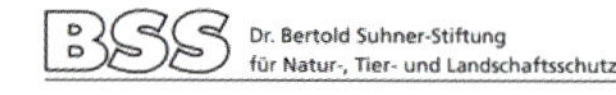

ERNST GÖHNER STIFTUNG

DER AUTOR

Heinz Staffelbach ist Biologe und schreibt seit mehr als 20 Jahren Natur- und Wanderbücher. Aber am liebsten schreibt er gar nicht, sondern kriecht im nassen Moos einem Feuersalamander nach, holt sich blaue Flecken beim Fotografieren in einer Geröllhalde oder füllt die SD-Karte mit unscharfen Bartgeier-Bildern.

Trotzdem hat er schon einige Bestseller gelandet, unter ihnen «Urlandschaften der Schweiz», «Wandern und Geniessen» und «Auf stillen Wegen an starke Orte». Auch der Klassiker «Handbuch Schweizer Alpen» kommt aus seiner Schreibstube, ebenso wie regelmässige Wandervorschläge in der NZZ am Sonntag.

Und schliesslich engagiert er sich bei *myblueplanet* für die Zukunft und als Coach bei *Oneday* für die Menschen. Heinz Staffelbach lebt und schreibt in einem Weiler bei Winterthur. Aber eben, am liebsten ...

www.heinz-staffelbach.ch

Bildnachweis

Titelbild: Daniel Dunca/Shutterstock.com;
S. 29 Robert Ott (Eisvogel);
S. 42 Robert Ott (Teichrohrsänger); Emilie Dunant (Zwergdommel);
S. 46 Tobias Ryser (Haubentaucher);
S. 49 Friedrich Böhringer (CC BY-SA 3.0; Blauauge);
S. 63 H. Krisp (CC Attribution 3.0 Unported; Teichmolch);
S. 75 Nicolas Dunant (Grünschenkel);
S. 78 Stiftung PanEco (Biber);
S. 89 Rolf Dietrich Brecher (Flussregenpfeifer);
S. 90 iStock.com/Rini Kools (Bekassine);
S. 94 Christoph Müller (CC BY-SA 4.0; Flussuferläufer);
S. 96 Beat Wermelinger (Alpenbock und Hirschkäfer); Wild Tibbi (CC BY-SA 4.0; Würfelnatter);
S. 98 Andreas Trepte (CC BY-SA 2.5; Flussregenpfeifer);
S. 101 Andreas Meyer (Kreuzotter);
S. 114 Brigitte Wolf (Leinkraut-Scheckenfalter);
S. 116 Hwbund (CC BY-SA 4.0; Wiedehopf beim Fütterungsanflug im Naturschutzgebiet Glockenbuckel von Viernheim);
S. 117 Brigitte Wolf (Leinkraut-Scheckenfalter);
S. 127 Andreas Trepte (Creative Commons CC0 License; Wespenbussard);
S. 128 Herwig Winter (CC-BY-SA-4.0; Neuntöter);
S. 130 Björn S (CC-BY-SA-2.0; Bienen-Ragwurz);
S. 133 Albert Krebs (Kleiner Feuerfalter);
S. 134 Albert Krebs (Libellen-Schmetterlingshaft);
S. 141 Thomas Hinsche Prisma Bildagentur IBR-4398454 (Wendehals);
S. 142 Friedhelm Schnurbus (CC BY-SA 3.0; Braunkehlchen);
S. 144 Frank Vassen (CC BY 2.0; Neuntöter);
S. 145 iStock.com/Vassiliy Vishnevskiy (Feldlerche);
S. 153 Gallinago_media/Shutterstock.com (Feldlerche);
S. 172 DJE Photography/Shutterstock.com (Sperber);
S. 173 Agamo Photo Agency/Shutterstock.com (Dreizehenspecht);
S. 176 Benoît Renevey (Birkhühner);
S. 179 Antoine Burri (Gämsen); Antoine Burri (Steinadler); Benoît Renevey (Murmeltiere);
S. 188 Barbara Klingler (Gämse);
S. 189 Niederhorn Bahnen (Exkursion);
S. 194 aaltair/Shutterstock.com (Fichtenkreuzschnabel);
S. 198 Wildhut Kanton Nidwalden (Steinböcke);
S. 205 Fridli Marti (Apollofalter);
S. 206 Albert Good (Alpenschneehahn);
S. 211 Léo Constantin (Mornellregenpfeifer);
S. 220 Urs Büchler (Luchs);
S. 231 Albert Good (Steinadler);
S. 233 Albert Good (Gamsgeiss mit Kitz);
S. 249 iStock.com/Ondrej Prosicky (Tiger); iStock.com/wideonet (T-Shirts); Kimberly Vardeman (CC BY 2.0; Baumwollfeld);
S. 255 Heinz Staffelbach und Stiftung PanEco.

Lieber mit leichtem Rucksack unterwegs?
Nutzen Sie das digitale Plus.

Mit diesem Buch erhalten Sie zu jeder Tour die GPS-Daten und einen Zugang zur digitalen Wanderkarte. Scannen Sie dazu die QR-Codes bei den Toureninfos mit dem QR-Scanner Ihres Smartphones. Auf der verlinkten Website finden Sie

① die **GPS-Daten** der Tour als GPX-Datei zum Herunterladen. So können Sie sich die Route mit kostenlosen Karten-Apps wie «swisstopo» oder «Outdooractive» auf dem Smartphone oder mit GPS-Geräten anzeigen lassen und profitieren von den zusätzlichen Diensten der App oder des GPS-Geräts (Standortermittlung, Höhenprofil, Anzeige der ÖV-Haltestellen etc.).

② die **digitale Karte** von map.geo.admin.ch mit eingezeichneter Route. Wenn Sie bevorzugt mit Karten auf Papier unterwegs sind, drucken Sie diese Karte einfach aus.

AT Verlag AG, Aarau und München
Fotos: Heinz Staffelbach
Lektorat: Dorothea Schöll
Textlektorat: Petra Meyer
Layout und Satz: AT Verlag, Aarau
Bildbearbeitung: bilderbub.ch, Christian Spirig
Druck und Bindearbeiten: Printer Trento, Trento
Printed in Italy

ISBN 978-3-03902-106-2

www.at-verlag.ch

Der AT Verlag wird vom Bundesamt für Kultur für die Jahre 2021–2024 unterstützt.

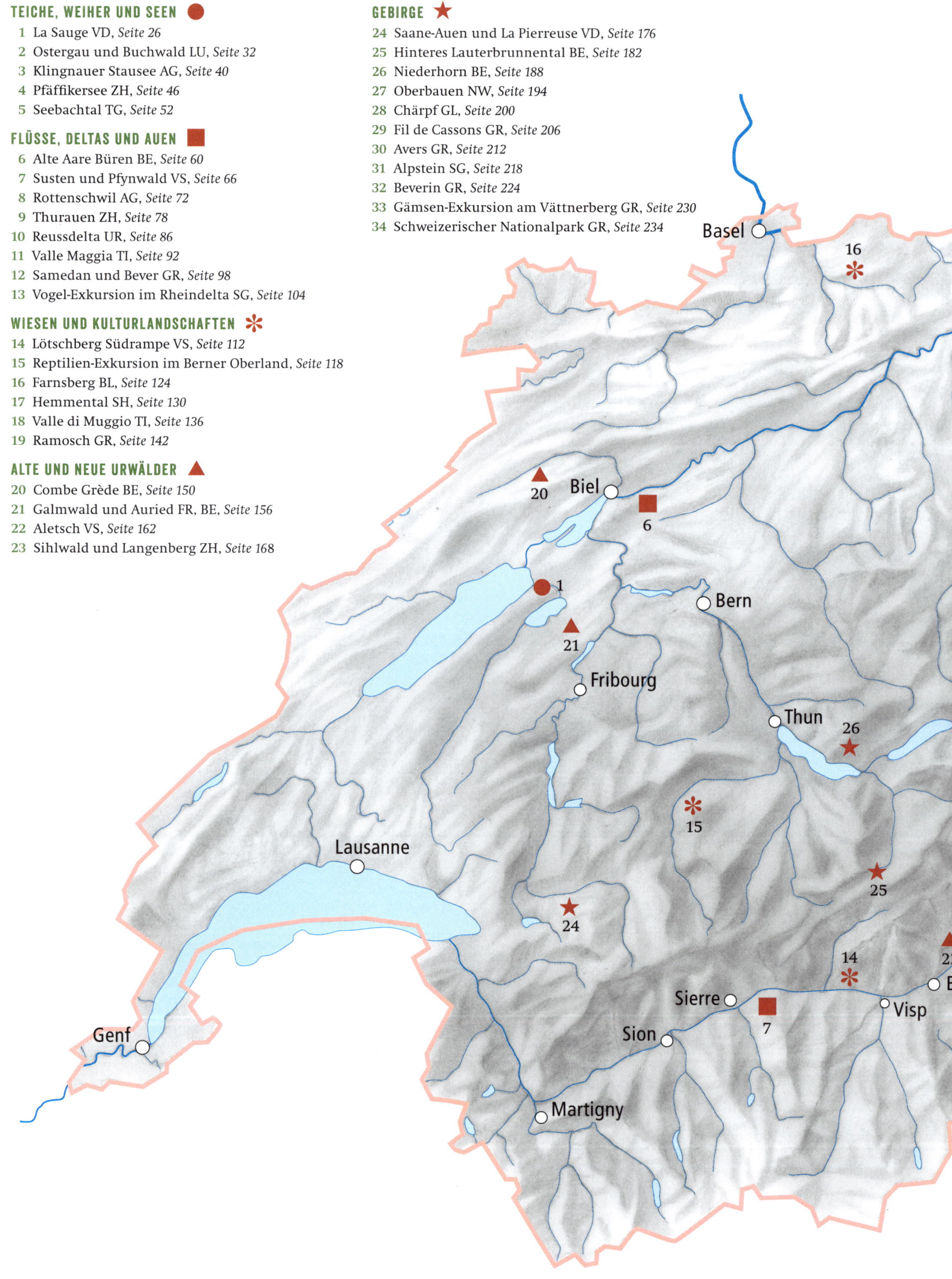
TEICHE, WEIHER UND SEEN
1 La Sauge VD, Seite 26
2 Ostergau und Buchwald LU, Seite 32
3 Klingnauer Stausee AG, Seite 40
4 Pfäffikersee ZH, Seite 46
5 Seebachtal TG, Seite 52
FLÜSSE, DELTAS UND AUEN
6 Alte Aare Büren BE, Seite 60
7 Susten und Pfynwald VS, Seite 66
8 Rottenschwil AG, Seite 72
9 Thurauen ZH, Seite 78
10 Reussdelta UR, Seite 86
11 Valle Maggia TI, Seite 92
12 Samedan und Bever GR, Seite 98
13 Vogel-Exkursion im Rheindelta SG, Seite 104
WIESEN UND KULTURLANDSCHAFTEN
14 Lötschberg Südrampe VS, Seite 112
15 Reptilien-Exkursion im Berner Oberland, Seite 118
16 Farnsberg BL, Seite 124
17 Hemmental SH, Seite 130
18 Valle di Muggio TI, Seite 136
19 Ramosch GR, Seite 142
ALTE UND NEUE URWÄLDER
20 Combe Grède BE, Seite 150
21 Galmwald und Auried FR, BE, Seite 156
22 Aletsch VS, Seite 162
23 Sihlwald und Langenberg ZH, Seite 168
GEBIRGE
24 Saane-Auen und La Pierreuse VD, Seite 176
25 Hinteres Lauterbrunnental BE, Seite 182
26 Niederhorn BE, Seite 188
27 Oberbauen NW, Seite 194
28 Chärpf GL, Seite 200
29 Fil de Cassons GR, Seite 206
30 Avers GR, Seite 212
31 Alpstein SG, Seite 218
32 Beverin GR, Seite 224
33 Gämsen-Exkursion am Vättnerberg GR, Seite 230
34 Schweizerischer Nationalpark GR, Seite 234
Basel
16
20
Biel
6
1
Bern
21
Fribourg
Thun
26
15
Lausanne
25
24
22
14
Sierre
B
Visp
7
Sion
Genf
Martigny